电工电子综合实训

毛志阳　马东雄　主　编
王晓东　主　审

北京邮电大学出版社
www.buptpress.com

内 容 提 要

本书由长春工业大学工程训练中心教师编写,本教材包括安全用电、常用电子元器件介绍、常用电子仪器仪表的使用、电子基础焊接实训、电工实训、EDA 技术实训、ARM 嵌入系统等实训内容。全书共 15 章。

本教材主要用于高等学校理工科学生进行电子工程实训时的指导教材,也可供有关工程电子技术人员参考。

图书在版编目（CIP）数据

电工电子综合实训 / 毛志阳，马东雄主编. --北京：北京邮电大学出版社，2016.3
ISBN 978-7-5635-4644-2

Ⅰ. ①电… Ⅱ. ①毛… ②马… Ⅲ. ①电工技术—高等学校—教材②电子技术—高等学校—教材 Ⅳ. ①TM②TN

中国版本图书馆 CIP 数据核字（2015）第 319033 号

书　　　　名：电工电子综合实训	
著作责任者：毛志阳　马东雄　主编	
责 任 编 辑：满志文	
出 版 发 行：北京邮电大学出版社	
社　　　　址：北京市海淀区西土城路 10 号(邮编：100876)	
发 　行　 部：电话：010-62282185　传真：010-62283578	
E-mail：publish@bupt.edu.cn	
经　　　　销：各地新华书店	
印　　　　刷：北京鑫丰华彩印有限公司	
开　　　　本：787 mm×1 092 mm　1/16	
印　　　　张：14.25	
字　　　　数：353 千字	
版　　　　次：2016 年 3 月第 1 版　2016 年 3 月第 1 次印刷	

ISBN 978-7-5635-4644-2　　　　　　　　　　　　　　　　　　　定　价：42.00 元

· 如有印装质量问题,请与北京邮电大学出版社发行部联系 ·

前　言

本教材为了提高学生实践动手、理论联系实际、分析问题和解决问题的能力,达到培养学生综合素质为主要目的。

教材主要针对安全用电、电子仪器仪表的使用、常用电子元器件的介绍、电子工艺焊接实训、电工实训、EDA 技术实训、ARM 嵌入式系统等内容进行了详细的描述,有利于学生实训及提高实践能力。

电子工艺焊接实训部分主要介绍有关电路及电子产品装焊的相关知识,详细地介绍了基本的电子元器件、基本手工焊接方式方法、晶体管超外差式收音机原理及安装工艺,具有比较普遍的应用性,能够使学生了解和掌握一定的电学、电子线路的理论和电工电子基础操作技能,并锻炼学生学习新事物、了解新知识、解决新问题的能力。

电工实训部分主要介绍传统低压电器结构及其典型控制线路,从电路的组成、安装、调试开始,由简单到复杂、循序渐进、突出重点、层次分明、注重实践,使学生能够掌握常用低压电器识别、判断、使用的方式方法,掌握基本电器及电动机控制线路,培养学生的动手能力和团队协作精神。

EDA 技术实训部分主要介绍当今先进的数字电子设计方式方法,以先进的 EDA 设备做基础介绍电子设计自动化(EDA)的基本过程,力求改变学生已有的传统通用集成电路设计、验证和应用的设计开发理念,转向可编程逻辑器件的设计和开发过程,从硬件设计转向在系统可编程方面的软件开发,掌握目前先进、成熟的设计思想和方法,学习和运用 EDA 技术和辅助设备完成综合课程设计或实验项目,从而提高学生的数字电子设计水平和逻辑综合运用能力。

ARM 嵌入式系统实训部分主要介绍 ARM 嵌入式系统基本开发形式和手段,引领学生进入电子开发高端领域,开阔学生视野,提高学生热情,激发学生潜力。

参与编写的教师及分工如下:第 1 章由毛志阳编写;第 2、3、6 章由李晓东编写;第 9 章由李秀兰编写;第 4 章由马东雄编写;第 5、7、8 章由王玉辉编写;第 10 章由刘春阳编写;第 11、12、13、14 章由赵世彧编写;第 15 章由张欣编写。

本书由毛志阳、马东雄主编,毛志阳负责全书统稿,王晓东负责主审。本书在编写过程中参考了大量文献,在此向作者和出版社表示衷心的感谢,并把参考文献列于书后。

由于编者的水平和经验有限,难免出现缺点和疑误之处,恳请同行和读者提出宝贵意见,以便改进。

编　者

2015 年 10 月

目　　录

## 第1章

安 全 用 电

1.1 触电及其对人体的危害

安全是人类生存的基本需求之一,也是人类从事各种活动的基本保障。用电安全则是人们无可回避的安身立业基本常识。从家庭到办公室,从娱乐场所到工矿企业,从学校到公司,几乎没有不用电的场所。电是现代物质文明的基础,同时又是危害人类的肇事者之一,如同现代交通工具把速度和效率带给人类的同时,也让交通事故这个恶魔闯进现代文明一样,电气事故是现代社会不可忽视的灾害之一。

随着电力、电气技术的不断发展,电能已广泛地用于生产和生活中。电气化给我们带来了巨大的物质文明,但是如果使用不当,就会造成触电伤亡、设备损坏,甚至波及供电系统安全运行,导致大面积停电或引起火灾等事故。因此,学习安全用电知识、加强安全用电观念、严格执行安全操作规程和保证安全工作制度是十分必要的。

1.1.1 触电的危害

触电的伤害程度与电流通过人体电流强度、触电时间、电流的途径及电流性质有关。当触电时人体有电流通过时会产生生理反应,一般不足 1 mA 的电流,就可引起肌肉收缩、神精麻木。电疗仪及电子针灸器就是利用微弱电流对身体的刺激达到治疗的目的。如果较大的电流流过人体,就会产生剧烈的生理反应,使人受到电击。

人体电阻,因人、因条件而异,一般干燥的皮肤大约有 100 kΩ 以上的电阻,但随着皮肤潮湿程度变大,电阻逐渐变小,可小到 1 kΩ 以下。因此,不能认为低电压不会造成危害。决定电击的是电流。通常认为安全电压的情况是指人体皮肤干燥时而言的,倘若用湿手接触 36 V 的所谓安全电压,同样也会受到电击。

1.1.2 电击强度

所谓电击强度,指的是通过人体的电流和通电的时间的乘积。要准确定出人体能承受的电击强度是不可能的,因为每个人的生理条件及承受能力是不相同的。根据大量研究统计,人体受到 30 mA/s 以上的电击强度时,就会产生永久性伤害;一般数毫安电流即可产生电击感应;十几毫安电流即可使肌肉剧烈收缩、痉挛、失去自控能力、无力使自己与带电体脱离;如果几十毫安电流通过人体达 1 s 以上就可造成死亡;而几百毫安电流可使人严重烧伤,并且立即停止呼吸。

1.1.3 电流途径和电流性质

如果电流不经人脑、心、肺等重要部位,除了电击强度较大时,可造成内部烧伤外,一般不会危及生命;但如果电流经上述部位时应会造成严重后果。

不同种类电流对人体伤害是不一样的。相对而言,40～300 Hz的交流电对人体的危害要比高频电流、直流电及静电大,这是因为高频(特别是高于20 kHz)电流的集肤效应,使得体内电流相对减弱;而静电的作用,一般随时间很快地减弱,没有足够量的电荷,不会导致严重后果。此外,电磁波也会对人体产生一定伤害作用,不过对一般电子行业工作而言,所受到的电磁波幅射是微不足道的。电流对人体的作用如表1-1所示。

表 1-1　电流对人体作用

电流/mA	对人体的作用
＜0.7	无感觉
1	有轻微感觉
1～3	有刺激感,一般电疗仪器取此电流
3～10	感到痛苦,但可自行摆脱
10～30	引起肌肉痉挛,短时间无危险,长时间有危险
30～50	强烈痉挛,时间超过60 s即有生命危险
50～250	产生心脏室纤颤,丧失知觉,严重危害生命
＞250	短时间内(1 s以上)造成心脏骤停,体内造成电灼伤

1.1.4 触电的形式

触电方式是指人们在受到电击时接触到的电压的状态,以及电网中电流流经人体的情况。按实际情况分类,可以把触电分为单极接触、双极接触和跨步电压接触三类。

（1）单极接触;

（2）双极接触;

（3）跨步电压。

触电事故的主要原因

统计资料表明,发生触电事故的主要原因有以下几种:

① 缺乏电器安全知识,在高压线附近放风筝,爬上高压电杆掏鸟巢;低压架空线路断线后不停地用手去拾火线;黑夜带电接线手摸带电体;用手摸破损的胶盖刀闸。

② 违反操作规程,带电连接线路或电器设备而又未采取必要的安全措施;触及破坏的设备或导线;误登带电设备;带电接照明灯具;带电修理电动工具;带电移动电气设备;用湿手拧灯泡等。

③ 设备不合格,安全距离不够;二线一地制接地电阻过大;接地线不合格或接地线断开;绝缘破坏导线裸露在外等。

④ 设备失修,大风刮断线路或刮倒电杆未及时修理;胶盖刀闸的胶木损坏未及时更改;电动机导线破损,使外壳长期带电;瓷瓶破坏,使相线与拉线短接,设备外壳带电。

⑤ 其他偶然原因,例如夜间行走触碰断落在地面的带电导线。

发生触电时应采取哪些救护措施

发生触电事故时,在保证救护者本身安全的同时,必须首先设法使触电者迅速脱离电源,然后进行以下抢修工作。

① 解开妨碍触电者呼吸的紧身衣服。

② 检查触电者的口腔,清理口腔的黏液,如有假牙,则取下。

③ 立即就地进行抢救,如呼吸停止,采用口对口人工呼吸法抢救,若心脏停止跳动或不规则颤动,可进行人工胸外挤压法抢救。决不能无故中断。

如果现场除救护者之外,还有第二人在场,则还应立即进行以下工作:

① 提供急救用的工具和设备。

② 劝退现场闲杂人员。

③ 保持现场有足够的照明和保持空气流通。

④ 向领导报告,并请医生前来抢救。

实验研究和统计表明,如果从触电后 1 min 开始救治,则 90% 可以救活;如果从触电后 6 min 开始抢救,则仅有 10% 的救活机会;而从触电后 12 min 开始抢救,则救活的可能性极小。因此当发现有人触电时,应争分夺秒,采用一切可能的办法。

触电的预防

① 加强安全教育,普及安全用电常识。实践表明,大量的触电事故是由于人们缺乏用电基本常识造成的,有的是出于对电力的特点及其危险性的无知;有的是疏忽麻痹,放松警惕;还有的则是似懂非懂,擅自违章用电等。因此,加强学习安全用电的基本常识是十分重要的。

② 采取合理的安全防护技术措施。根据人体触电情况的不同,可将触电防护分为直接触电防护和间接触电防护两类。

③ 直接触电防护:是指防止人体直接接触电气设施带电部分的防护措施。直接触电防护的方法是将电气设备的带电部分进行绝缘隔离空间隔离,防止人员触及或提醒人员避开带电部位。例如,某些电器配备的绝缘罩壳、箱盖等防护结构;室内外配电装置带电体周围设置的隔离栅栏、保护网等屏护装置;在可能发生误入、误触、误动的电气设施或场所装设的安全标志、警示牌等。

④ 间接触电防护:它是指防止人体接触电气设备正常情况下不带电金属外壳、框架等,当设备漏电时可能发生触电危险的防护措施。间接触电防护的基本措施是对电气设备采取保护接地或保护接零,以减小故障部位的对地电压,并通过电路的保护装置迅速切断电源。对在潮湿场所使用电器、手持移动电器或人体经常接触的电气设备,可以考虑采用安全电压(一般指 36 V 以下的电压)。

⑤ 漏电保护器及其应用。漏电保护器又称漏电断路器或触电保护器,它是一种低压触电自动保护电器。其基本功能是在电气设备发生漏电或当有人触电,在尚未造成身体伤害之前,漏电保护器即发出信号,并由低压断路器具迅速切断电源。漏电保护器在城乡居民住宅、学校、宾馆等场所得到广泛应用,对保障人身安全发挥了重要作用。

1.2 安全用电常识

1.2.1 通电前检查

对于自己不了解的用电设备,不要冒失地拿起插头就往电源上插。要记住"四查而后插"。

所谓"四查"就是：

一查电源线有无破损；

二查插头有无外露金属或内部松动；

三查电源线插头两极有无短路，同外壳(设备是金属外壳)有无通路；

四查设备所需电压值是否与供电电压相符。

检查无上述问题方可通电。

1.2.2 检修、调试电子设备的注意事项

(1) 检修之前，一定要了解检修对象的电气原理，特别是电源系统。

(2) 不要以为断开电源开关就没有触电危险，只有拔下插头并对仪器内的高电压大容量电容器放电处理才认为是安全的。

(3) 不要随便改动仪器设备的电源线。

(4) 洗手后或手出汗潮湿时，不要带电作业。

1.2.3 焊接操作安全规则

(1) 烙铁头在没有确信脱离电源或冷却时，不能用手摸。

(2) 烙铁头上多余的锡不要乱甩，特别是不能往身后甩，危险很大。

(3) 易燃品要远离电烙铁。

(4) 拆焊有弹性的元件时，不要离焊点太近并使可能弹出焊锡的方向向外。

(5) 插拔电烙铁等电器的电源插头时，要手拿插头，不要抓电源线。

(6) 用剪线钳剪断导线或元器件引脚时，要让导线飞出方向朝着工作台或空地，决不可朝向人或设备。

1.2.4 电气设备的安全要求

1. 安全用电标志

明确统一的标志是保证用电安全的一引脚项重要措施。统计表明，不少电气事故完全是由于标志不统一而造成的。例如由于导线的颜色不统一，误将相线接设备的机壳，而导致机壳带电，酿成触电伤亡事故。

标志分为颜色标志和图形标志。颜色标志常用来区分各种不同性质、不同用途的导线，或用来表示某处安全程度。图形标志一般用来告诫人们不要去接近有危险的场所。为保证安全用电，必须严格按有关标准使用颜色标志和图形标志。我国安全色标采用的标准，基本上与国际标准草案(ISD)相同。一般采用的安全色有以下几种：

(1) 红色：用来标志禁止、停止和消防，如信号灯、信号旗、机器上的紧急停机按钮等都是用红色来表示"禁止"的信息。

(2) 黄色：用来标志注意危险，如"当心触电""注意安全"等。

(3) 绿色：用来标志安全无事，如"在此工作""已接地"等。

(4) 蓝色：用来标志强制执行，如"必须带安全帽"等。

(5) 黑色：用来标志图像、文字符号和警告标志的几何图形。

按照规定，为便于识别，防止误操作，确保运行和检修人员的安全，采用不同颜色来区别设

备特征。如电气母线,A 相为黄色,B 相为绿色,C 相为红色,明敷的接地线涂为黑色。在二次系统中,交流电压回路用黄色,交流电流回路用绿色,信号和警告回路用白色。

为确保用电安全在设备仪器上要有接地要求,如表 1-2 所示。

表 1-2 接地符号

序号	图形符号	说明
1		接地符号
2		无噪声接地(抗干扰接地)
3		保护接地
4	形式 1 形式 2	接机壳或接底板
5		危险电压
6		过载保护

2．安全用电的注意事项

(1)认识了解电源总开关,学会在紧急情况下关断总电源。

(2)不用手或导电物(如铁丝、钉子、别针等金属制品)去接触、探试电源插座内部。

(3)不用湿手触摸电器,不用湿布擦拭电器。

(4)电器使用完毕后应拔掉电源插头;插拔电源插头时不要用力拉拽电线,以防止电线的绝缘层受损造成触电;电线的绝缘皮剥落,要及时更换新线或者用绝缘胶布包好。

(5)发现有人触电要设法及时关断电源;或者用干燥的木棍等物将触电者与带电的电器分开,不要用手去直接救人;未成年人遇到这种情况,应呼喊成年人相助,不要自己处理,以防触电。

(6)不随意拆卸、安装电源线路、插座、插头等。哪怕安装灯泡等简单的事情,也要先关断电源,并在家长的指导下进行。

3．安全用电常识

(1)入户电源线避免过荷使用,破旧老化的电源线应及时更换,以免发生意外。

(2)入户电源总保险与分户保险应配置合理,使之能起到对家用电器的保护作用。

(3)接临时电源要用合格的电源线、电源插头,插座要安全可靠。损坏的不能使用,电源线接头要用胶布包好。电源插头、插座接线要正确,如图 1-1 所示。

(4)临时电源线临近高压输电线路时,应与高压输电线路保持足够的安全距离(10 kV 及以下为 0.7 m;35 kV 为 1 m;110 kV 为 1.5 m;220 kV 为 3 m;500 kV 为 5 m)。

(5)严禁私自从公用线路上接线。

(6)线路接头应确保接触良好,连接可靠。

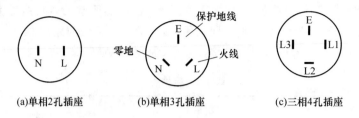

(a)单相2孔插座   (b)单相3孔插座   (c)三相4孔插座

图 1-1   插头、插座接线

（7）房间装修，隐藏在墙内的电源线要放在专用阻燃护套内，电源线的截面应满足负荷要求。

（8）使用电动工具如电钻等，须戴绝缘手套。

（9）遇有家用电器着火，应先切断电源再救火。

（10）家用电器接线必须确保正确，有疑问应及时询问专业人员。

（11）家庭用电应装设带有过电压保护的调试合格的漏电保护器，以保证使用家用电器时的人身安全。

（12）家用电器在使用时，应有良好的外壳接地，室内要设有公用地线。

（13）湿手不能触摸带电的家用电器，不能用湿布擦拭使用中的家用电器，进行家用电器修理必须先停电源。

（14）家用电热设备，暖气设备一定要远离煤气罐、煤气管道，发现煤气漏气时先开窗通风，千万不能拉合电源，并及时请专业人员修理。

（15）使用电烙铁等电热器件，必须远离易燃物品，用完后应切断电源，拔下插销以防意外。

复习思考题

1. 如何预防触电和伤害方法？

2. 在日常生活中，安全用电的主要内容有哪些？

3. 只标有"22 V   3 A"字样的电能表，可以用在最大功率是_____ W 的家庭电路上，如果这个电路中已装有"22 V   40 W"的电灯 5 盏，最多还可以安装"22 V   60 W"的电灯_____盏，若上述所有灯泡每天均发光 2 h，30 天用电_____ kW·h。

4. 安全电压最高是多少伏？

第2章　常用电器基础元件

2.1　低压开关

开关是普通的电器之一,主要用于低压配电系统及电气控制系统中,对电路和电器设备进行通断、转换电源或负载控制,有的还可用作小容量笼型异步电动机的直接起动控制。所以,低压开关也称低压隔离器,是低压电器中结构比较简单、应用较广的一类手动电器。主要有转换开关、空气开关等。

2.1.1　转换开关

转换开关又称组合开关,在电气控制线路中也作为隔离开关使用。它实质上也是一种特殊的刀开关,只不过一般刀开关的操作手柄是在垂直于安装面的平面内向上或向下转动,而转换开关的操作手柄则是在平行于其安装面的平面内向左或向右转动而已。它具有多触头、多位置、体积小、性能可靠、操作方便等特点。

1. 转换开关结构及图形符号

如图 2-1 所示为转换开关典型结构。组合开关沿转轴 2 自下而上分别安装了三层开关组件,每层上均有一个动触点 6、一对静触点 7 及一对接线柱 9,各层分别控制一条支路的通与断,形成组合开关的三极。当手柄 1 每转过一定角度就带动固定在转轴上的三层开关组件中的三个动触头同时转动至一个新位置,在新位置上分别与各层的静触头接通或断开。

根据组合开关在电路中的不同作用,组合开关图形与文字符号有两种。当在电路中用作隔离开关时,其图形符号如图 2-2 所示,其文字标注符为 QS,有双极和三极之分,机床电气控制线路中一般采用三极组合开关。

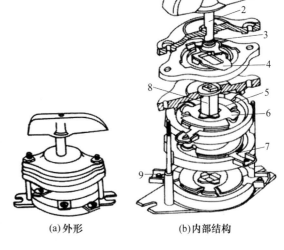

(a)外形　　　　　(b)内部结构

图 2-1　转换开关结构

1—手柄;2—转轴;3—弹簧;4—凸轮;5—绝缘垫板;

6—动触点;7—静触点;8—绝缘方轴;9—接线柱

· 7 ·

图 2-3 是一个三极组合开关,图中分别表示组合开关手柄转动的两个操作位置,Ⅰ位置线上的三个空点右方画了三个黑点,表示当手柄转动到Ⅰ位置时,L1、L2 与 L3 支路线分别与 U、V、W 支路线接通;而Ⅱ位置线上三个空点右方没有相应黑点,表示当手柄转动到Ⅱ位置时,L1、L2 与 L3 支路线与 U、V、W 支路线处于断开状态。文字标注符为 SA。

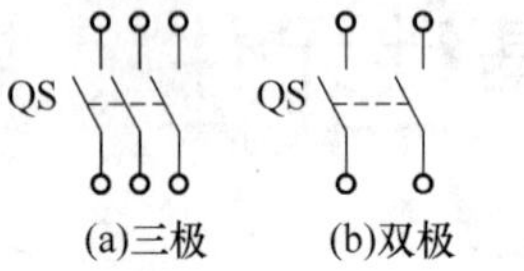

图 2-2　组合开关图形符号

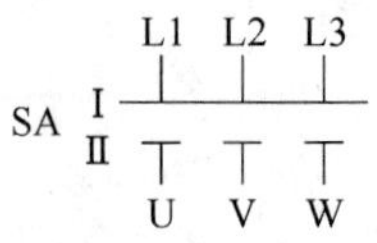

图 2-3　组合开关作转换开关时的
图形文字符号

2. 组合开关主要技术参数

根据组合开关型号可查阅更多技术参数,表征组合开关性能的主要技术参数有:

(1)额定电压

额定电压是指在规定条件下,开关在长期工作中能承受的最高电压。

(2)额定电流

额定电流是指在规定条件下,开关在合闸位置允许长期通过的最大工作电流。

(3)通断能力

通断能力指在规定条件下,在额定电压下能可靠接通和分断的最大电流值。

(4)机械寿命

机械寿命是指在需要修理或更换机械零件前所能承受的无载操作次数。

(5)电寿命

电寿命是指在规定的正常工作条件下,不需要修理或更换零件情况下,带负载操作的次数。

3. 组合开关选用

组合开关用作隔离开关时,其额定电流应为低于被隔离电路中各负载电流的总和;用于控制电动机时,其额定电流一般取电动机额定电流的 1.5～2.5 倍。

应根据电气控制线路中实际需要,确定组合开关接线方式,正确选择符合接线要求的组合开关规格。

2.1.2　空气自动开关

空气开关又名空气断路器,是断路器的一种。空气开关是一种过电流保护装置,在室内配电线路中用于总开关与分电流控制开关,也可有效地保护电器的重要元件,它集控制和多种保护功能于一身。除能完成接触和分断电路外,尚能对电路或电气设备发生的短路、严重过载及欠电压等进行保护。

低压断路器操作使用方便、工作稳定可靠、具有多种保护功能,并且保护动作后不需要像熔断器那样更换熔丝即可复位工作。低压断路器主要应用在低压配电电路、电动机控制电路和机床等电器设备的供电电路中,起短路保护、过载保护、欠压保护等作用,也可作为不频繁操作的手动开关。断路器由主触头、接通按钮、切断按钮、电磁脱扣器、热脱扣器等部分组成,具有多重保护功能。三副主触头串接在被控电路中,当按下接通按钮时,主触头的动触头与静触头闭合并被机械锁扣锁住,断路器保持在接通状态,负载工作。当负载发生短路时,极大的短路电流使电磁脱扣器瞬时动作,驱动机械锁扣脱扣,主触头弹起切断电路。当负载发生过载时,过载电流使热脱扣器过热动作,驱动机械锁扣脱扣切断电路。当按下切断按钮时,也会使机械锁扣脱扣,从而手动切断电路。

低压断路器的种类较多,按结构可分为塑壳式和框架式、双极断路器和三极断路器等;按保护形式可分为电磁脱扣式、热脱扣式、欠压脱扣式、漏电脱扣式以及分励脱扣式等;按操作方式可分为按键式和拨动式等。室内配电箱上普遍使用的触电保护器也是一种低压断路器。如图 2-4 所示为部分应用较广的低压断路器外形。

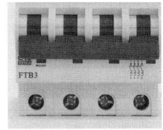

图 2-4　小型断路器的外形

1. 低压断路器的图形符号

低压断路器的文字符号为"QF",图形符号如图 2-5 所示,结构如图 2-6 所示。

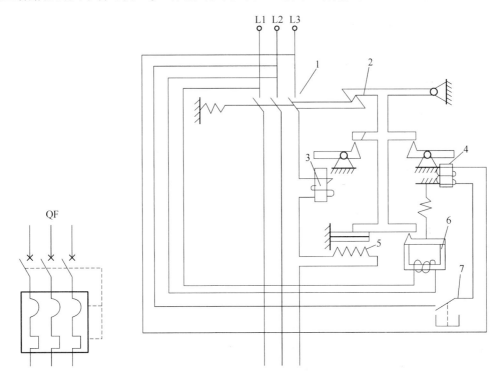

图 2-5　空气开关图形符号

图 2-6　空气开关结构

1—主触点;2—连杆装置;3—过流脱扣器;4—分离脱扣器;
5—热脱扣器;6—欠压脱扣器;7—启动按键

2. 低压断路器型号

低压断路器的型号命名一般由 7 部分组成。第一部分用字母"D"表示低压断路器的主称。第二部分用字母表示低压断路器的形式。第三部分用 1～2 位数字表示序号。第四部分用数字表示额定电流,单位为 A。第五部分用数字表示极数。第六部分用数字表示脱扣器形式。第七部分用数字表示有无辅助触头。低压断路器型号的意义如表 2-1 所示。例如,型号为 DZ5-20/330,表示这是塑壳式、额定电流 20 A、三极复式脱扣器式、无辅助触头的低压断路器。

表 2-1　低压断路器的型号命名

第一部分	第二部分	第三部分	第四部分	第五部分	第六部分	第七部分
D	Z:塑壳式	序号	额定电流(A)	2:两极	0:无脱扣器	0:无辅助触头
					1:热脱扣器式	
	W:框架式			3:三极	2:电磁脱扣器式	1:有辅助触头
					3:复式脱扣器式	

3. 低压断路器的主要参数

低压断路器的主要参数有额定电压、主触头额定电流、热脱扣器额定电流、电磁脱扣器瞬时动作电流。

（1）额定电压

额定电压是指低压断路器长期安全运行所允许的最高工作电压,例如 220 V、380 V 等。

（2）主触头额定电流

主触头额定电流是指低压断路器在长期正常工作条件下允许通过主触头的最大工作电流,例如 20 A、100 A 等。

（3）热脱扣器额定电流

热脱扣器额定电流是指热脱扣器不动作所允许的最大负载电流。如果电路负载电流超过此值,热脱扣器将动作。

（4）电磁脱扣器瞬时动作电流

电磁脱扣器瞬时动作电流是指导致电磁脱扣器动作的电流值,一旦负载电流瞬间达到此值,电磁脱扣器将迅速动作切断电路。

2.2　熔　断　器

熔断器是低压配电系统和电力拖动系统中的保护电器。熔断器的动作是靠熔体的熔断来实现的,当该电路发生过载或短路故障时,通过熔断器的电流达到或超过了某一规定值,以其自身产生的热量使熔体熔断而自动切断电路。当电流较大时,熔体熔断所需的时间就较短;而电流较小时,熔体熔断所需用的时间就较长,甚至不会熔断。熔丝材料多用熔点较低的铅锑合金、锡铅合金做成。熔断器图形符号如图 2-7 所示。

常用的低压熔断器有瓷插式熔断器、螺旋式熔断器、封闭管式熔断器等。

2.2.1　RC1A 系列瓷插式熔断器

插入式熔断器结构如图 2-8 所示。

插入式熔断器由瓷座、瓷盖、动触头、熔丝和空腔五部分组成。

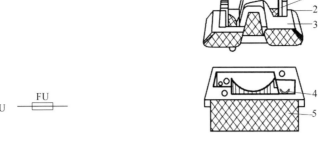

图 2-7　熔断器图形及符号

图 2-8　插入式熔断器结构

1—动触头；2—熔体；3—瓷插件；4—静触头；5—瓷座

2.2.2　RL1 系列螺旋式熔断器

RL1 系列螺旋式熔断器用于交流 50 Hz、额定电压 580/500 V、额定电流至 200 A 的配电线路,作输送配电设备、电缆、导线过载和短路保护。RL1 系列螺旋式熔断器外形如图 2-9 所示,RL1 系列螺旋式内部熔断器如图 2-10 所示。由瓷帽、熔断体和基座三部分组成,主要部分均由绝缘性能良好的电瓷制成,熔断体内装有一组熔丝(片)和充满足够紧密的石英砂。具有较高的断流能力,能在带电(不带负荷)时不用任何工具安全取下并更换熔断体。具有稳定的保护特性,能得到一定的选择性保护,还具有明显的熔断指示。

图 2-9　RL1 系列螺旋式熔断器外形　　图 2-10　RL1 系列螺旋式内部熔断器

螺旋式熔断器主要由瓷帽、熔断管、瓷套、上接线座、下接线座以及瓷座组成。如图 2-11 所示为底座旋转部分。

2.2.3　RT0 系列有填料封闭管式熔断器

RT0 系列有填料封闭式熔断器,是一种大分断能力的熔断器。适用于交流 50 Hz、额定电压交流 350 V、额定电流至 1 000 A 的配电线路中,作过载和短路保护。广泛用于短路电流很大的电力网络或低压配电装置中。

图 2-12 为 RT18(HG30)系列有填料封闭管式圆筒形帽熔断器外形。

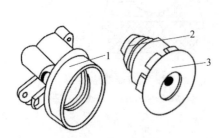

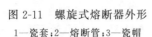

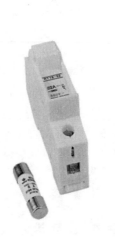

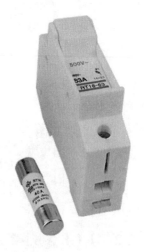

图 2-11　螺旋式熔断器外形　　　　　　图 2-12　填充式熔断器和熔体

1—瓷套；2—熔断管；3—瓷帽

RT18(HG30)系列有填料封闭管式圆筒形熔断器适用于交流 50 Hz、额定电压为 380 V、额定电流为 63 A 及以下的工业电气装置的配电设备中，作为线路过载和短路保护之用。

2.2.4　熔体额定电流的选择

（1）对于负载平稳无冲击的照明电路、电阻、电炉等，熔体额定电流略大于或等于负荷电路中的额定电流。即

$$I_{re} \geqslant I_e$$

其中，I_{re}——熔体的额定电流；I_e——负载的额定电流。

（2）对于单台长期工作的电动机，熔体电流可按最大起动电流选取，也可按下式选取：

$$I_{re} \geqslant I_e(1.5 \sim 2.5)$$

其中，I_{re}——熔体的额定电流；I_e——电动机的额定电流。

如果电动机频繁起动，式中系数可适当加大至 3～3.5，具体应根据实际情况而定。

（3）对于多台长期工作的电动机（供电干线）的熔断器，熔体的额定电流应满足下列关系：

$$I_{re} \geqslant I_{emax}(1.5 \sim 2.5) + \sum I_e$$

其中，I_{emax}——多台电动机中容量最大的一台电动机额定电流；$\sum I_e$——其余电动机额定电流之和。

当熔体额定电流确定后，根据熔断器额定电流大于或等于熔体额定电流来确定熔断器额定电流。

2.3　接　触　器

接触器是用来频繁地控制接通或断开交流、直流及大电容控制电路的自动控制电器。接触器在电力拖动和自动控制系统中，主要的控制对象是电动机，也可用于控制电热设备、电焊机、电容器等其他负载。接触器具有手动切换电器所不能实现的遥控功能，它虽然具有一定的

断流能力,但不具备短路和过载保护功能。接触器具有控制容量大、过载能力强、寿命长、设备简单经济等特点。

交流接触器品种较多,具有多种电压、电流规格,以满足不同电气设备的控制需要。交流接触器一般由电磁驱动系统、触点系统和灭弧装置等部分组成,它们均安装在绝缘外壳中,只有线圈和触点的接线端位于外壳表面。交流接触器的触点分为主触点和辅助触点两种。主触点可控制较大的电流,用于负载电路主回路的接通和切断,主触点一般为常开触点。辅助触点只可控制较小的电流,常用于负载电路中控制回路的接通和切断,辅助触点既有常开触点也有常闭触点。

2.3.1　接触器结构及其原理

1. 交流接触器的符号

交流接触器的文字符号为"KM",图形符号如图 2-13 所示。在电路图中,各触点可以画在该交流接触器线圈的旁边,也可以为了便于图面布局将各触点分散画在远离该交流接触器线圈的地方,而用编号表示它们是一个交流接触器。

电磁式接触器内部结构如图 2-14 所示。

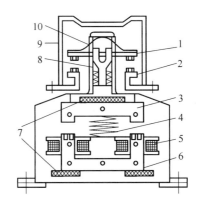

图 2-14　电磁式接触器内部结构

1—动触头;2—静触头;3—衔铁;4—弹簧;5—线圈;6—铁心;
7—垫毡;8—触头弹簧;9—灭弧罩;10—触头压力弹簧

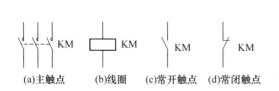

(a)主触点　　(b)线圈　　(c)常开触点　　(d)常闭触点

图 2-13　接触器图形符号

当线圈得电后,在铁心中产生磁通及电磁吸力,衔铁在电磁吸力的作用下吸向铁心,同时带动动触头动作,使常闭触头打开,常开触头闭合。当线圈失电或线圈两端电压显著降低时,电磁吸力小于弹簧反力,使得衔铁释放,触头机构复位,断开电路或接触互锁。

直流接触器的结构和工作原理与交流接触器基本相同,但灭弧装置不同,使用时不能互换。

2. 交流接触器型号

交流接触器的型号命名一般由 4 部分组成。第一部分用字母"CJ"表示交流接触器的主称。第二部分用数字表示设计序号。第三部分用数字表示主触点的额定电流。第四部分用数字表示主触点数目。例如,型号为 CJ 10-20/3,表示这是具有 3 对主触点、额定电流 20 A 的交流接触器。

2.3.2 交流接触器

交流接触器是利用磁极的同性相斥、异性相吸的原理,用永磁驱动机构取代传统的电磁铁

图 2-15 CJ0910 交流接触器外形

驱动机构而形成的一种微功耗接触器。安装在接触器联动机构上极性固定不变的永磁铁,与固化在接触器底座上的可变极性软磁铁相互作用,从而达到吸合、保持与释放的目的。软磁铁的可变极性是通过与其固化在一起的电子模块产生十几毫秒到二十几毫秒的正反向脉冲电流,而使其产生不同的极性。根据现场需要,用控制电子模块来控制设定的释放电压值,也可延迟一段时间再发出反向脉冲电流,以达到低电压延时释放或断电延时释放的目的,使其控制的电动机免受电网晃电而跳停,从而保持生产系统的稳定。图 2-15 为 CJ0910 交流接触器外形。

交流接触器的选用,应根据负荷的类型和工作参数合理选用。

1. 选择接触器的类型

交流接触器按负荷种类一般分为一类、二类、三类和四类,分别记为 AC1、AC2、AC3 和 AC4。一类交流接触器对应的控制对象是无感或微感负荷,如白炽灯、电阻炉等;二类交流接触器用于绕线式异步电动机的起动和停止;三类交流接触器的典型用途是鼠笼型异步电动机的运转和运行中分断;四类交流接触器用于笼型异步电动机的起动、反接制动、反转和点动。

2. 选择接触器的额定参数

根据被控对象和工作参数如电压、电流、功率、频率及工作制等确定接触器的额定参数。

(1)接触器的线圈电压,一般应低一些为好,这样对接触器的绝缘要求可以降低,使用时也较安全。但为了方便和减少设备,常按实际电网电压选取。

(2)电动机的操作频率不高,如压缩机、水泵、风机、空调、冲床等,接触器额定电流大于负荷额定电流即可。

(3)对重任务型电动机,如机床主电动机、升降设备、绞盘、破碎机等,其平均操作频率超过 100 次/min,运行于起动、点动、正反向制动、反接制动等状态,可选用可靠性高的接触器。为了保证电寿命,可使接触器降容使用。选用时,接触器额定电流大于电机额定电流。

(4)对特重任务电动机,如印刷机、镗床等,操作频率很高,可达 600~12 000 次/h,经常运行于起动、反接制动、反向等状态,接触器大致可按电寿命及起动电流选用。

(5)交流回路中的电容器投入电网或从电网中切除时,接触器选择应考虑电容器的合闸冲击电流。一般地,接触器的额定电流可按电容器的额定电流的 1.5 倍选取,型号选 CJ10、CJ20 等。

(6)用接触器对变压器进行控制时,应考虑浪涌电流的大小。例如交流电弧焊机、电阻焊机等,一般可按变压器额定电流的 2 倍选取接触器,型号选 CJ10、CJ20 等。

(7)对于电热设备,如电阻炉、电热器等,负荷的冷态电阻较小,因此起动电流相应要大一些。选用接触器时可不用考虑起动电流,直接按负荷额定电流选取,型号可选用 CJ10、CJ20 等。

(8)由于气体放电灯起动电流大、起动时间长,对于照明设备的控制,可按额定电流 1.1~1.4 倍选取交流接触器,型号可选 CJ10、CJ20 等。

(9)接触器额定电流是指接触器在长期工作下的最大允许电流,持续时间≤8 h,且安装

于敞开的控制板上,如果冷却条件较差,选用接触器时,接触器的额定电流按负荷额定电流的110%～120%选取。对于长时间工作的电动机,由于其氧化膜没有机会得到清除,使接触电阻增大,导致触点发热超过允许温升。实际选用时,可将接触器的额定电流减小30%使用。

2.3.3　交流接触器的主要参数

交流接触器的主要参数包括线圈电压与电流、主触点额定电压与电流、辅助触点额定电压与电流等。

1. 线圈电压与电流

线圈电压是指交流接触器在正常工作时线圈所需要的工作电压,同一型号的交流接触器往往有多种线圈工作电压以供选择,常见的有 36 V、110 V、220 V、380 V 等。线圈电流是指交流接触器动作时通过线圈的额定电流值,有时不直接标注线圈电流而是标注线圈功率,可通过公式"额定电流＝功率/工作电压"求得线圈额定电流。选用交流接触器时必须保证其线圈工作电压和工作电流得到满足。

2. 主触点额定电压与电流

主触点额定电压与电流,是指交流接触器在长期正常工作的前提下,主触点所能接通和切断的最高负载电压与最大负载电流。选用交流接触器时应使该项参数不小于负载电路的最高电压和最大电流。

3. 辅助触点额定电压与电流

辅助触点额定电压与电流是指辅助触点所能承受的最高电压和最大电流。

2.3.4　直流接触器

直流接触器是主要用于远距离接通和分断额定电压 440 V、额定电流达 600 A 的直流电路或频繁操作和控制直流电动机的一种控制电器。

一般工业中,如冶金、机床设备的直流电动机控制,普遍采用 CZ0 系列直流接触器,该产品具有寿命长、体积小、工艺性好、零部件通用性强等特点。除 CZ0 系列外,尚有 CZ18、CZ21、CZ22 等系列直流接触器。

直接接触器的动作原理与交流接触器相似,但直流分断时感性负载存储的磁场能量瞬时释放,断点处产生的高能电弧,因此要求直流接触器具有一定的灭弧功能。中/大容量直流接触器常采用单断点平面布置整体结构,其特点是分断时电弧距离长,灭弧罩内含灭弧栅。小容量直流接触器采用双断点立体布置结构。

选择接触器时应注意以下几点:

(1) 主触头的额定电压≥负载额定电压。

(2) 主触头的额定电流≥1.3 倍负载额定电流。

(3) 线圈额定电压。当线路简单、使用电器较少时,可选用 220 V 或 380 V;当线路复杂、使用电器较多或不太安全的场所,可选用 36 V、110 V 或 127 V。

(4) 接触器的触头数量、种类应满足控制线路要求。

(5) 操作频率(每小时触头通断次数)。当通断电流较大及通断频率超过规定数值时,应选用额定电流大一级的接触器型号。否则会使触头严重发热,甚至熔焊在一起,造成电动机等负载缺相运行。

2.4 继 电 器

继电器是一种根据电量或非电量的变化,接通或断开控制电路,实现自动控制和保护电力拖动装置的电器,主要用于反映控制信号。

继电器在自动控制电路中是常用的一种低压电器元件。实际上它是用较小电流控制较大电流的一种自动开关电器,是当某些参数(电量或非电量)达到预定值时而动作使电路发生改变,通过其触头促使在同一电路或另一电路中的其他器件或装置动作的一种控制元件。

继电器分类有若干种,按输入信号的性质分为电压继电器、电流继电器、速度继电器、压力继电器等;按工作原理分为电磁式继电器、感应式继电器、热继电器、晶体管继电器等;按输出形式分为有触点继电器和无触点继电器两类。

继电器在控制系统中的主要作用有两点:

(1)传递信号,它用触点的转换、接通或断开电路以传递控制信号。

(2)功率放大,使继电器动作的功率通常是很小的,而被其触点所控制电路的功率要大得多,从而达到功率放大的目的。

控制系统中使用的继电器种类很多,下面仅介绍几种常用的继电器,如电压及电流继电器、中间继电器、热继电器、时间继电器。

2.4.1 电压及电流继电器

在电动及控制系统中,需要监视电动机的负载状态,当负载过大或发生短路时,应使电动机自动脱离电源,此时可用电流继电器来反映电动机负载电流的变化。电压和电流继电器都是电磁式继电器,它们的动作原理和接触器基本相同,由于触点容量小,一般没有灭弧装置。此外,同一继电器的所有触点容量一般都是相同的,不像接触器那样分主触点和辅助触点。

图 2-16 电磁继电器外形

继电器分为交流和直流两种,吸引线圈采用直流控制的称为直流继电器,吸引线圈采用交流控制的称为交流继电器。

电磁式继电器的作用原理是当线圈通电时,衔铁承受两个方向彼此相反的作用力,即电磁铁的吸力和弹簧的拉力,当吸力大于弹簧拉力时,衔铁被吸住,触点闭合。线圈断开后,衔铁在弹簧拉力作用下离开铁心,触点打开,触点为常开触点。继电器的吸力是由铁心中磁通量的大小决定的,也就是由激磁线圈的匝数决定的。因此,电压和电流在结构上基本相同,只是吸引线圈有所不同。电磁继电器外形如图 2-16 所示。

电压继电器采用多匝数小电流的线圈,电流继电器则采用少匝数大电流的线圈,故电压继电器线圈的导线截面较小,而电流继电器的线圈导线截面较大。对于同一系列的继电器可以利用更换线圈的方法,应用于不同电压和电流的电路。

2.4.2 中间继电器

中间继电器是应用最早的一种继电器形式,属于有触点自动切换电器。它广泛应用于电力拖动系统中,起控制、放大、联锁、保护与调节的作用,以实现控制过程的自动化。中间继电器有交流、直流两种。中间继电器的特点是触点数目较多,一般为 3~4 对,触点形式常采用桥形触点(与接触器辅助触点相同)。动作功率较大的中间继电器与小型接触器的结构相同。中间继电器外形如图 2-17 所示。

当线圈通电以后,铁心被磁化产生足够大的电磁力,吸动衔铁并带动簧片,使动触点和静触点闭合或分开;当线圈断电后,电磁吸力消失,衔铁依靠弹簧的反作用力返回原来的位置,动触点和静触点又恢复到原来闭合或分开的状态。应用时只要把需要控制的电路接到触点上,就可利用继电器达到控制的目的。中间继电器图形符号如图 2-18 所示。

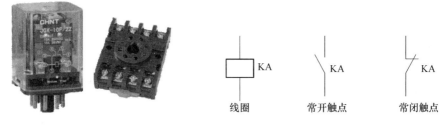

图 2-17　中间继电器外形　　　　图 2-18　中间继电器图形符号

2.4.3　热继电器

热继电器是用于电动机或其他电气设备、电气线路的过载保护的保护电器。电动机在实际运行中,如拖动生产机械进行工作过程中,若机械出现不正常的情况或电路异常使电动机遇到过载,则电动机转速下降,绕组中的电流将增大,使电动机的绕组温度升高。若过载电流不大且过载的时间较短,电动机绕组不超过允许温升,这种过载是允许的。但若过载时间长,过载电流大,电动机绕组的温升就会超过允许值,使电动机绕组老化,缩短电动机的使用寿命,严重时甚至会使电动机绕组烧毁。所以,这种过载是电动机不能承受的。

热继电器就是利用电流的热效应来推动动作机构使触头系统闭合或分断的保护电器。热继电器主要用于电动机的过载保护、断相保护、电流不平衡运行的保护及其他电气设备发热状态的控制。如图 2-19 所示为热继电器外形,如图 2-20 所示为热继电器内部结构。

图 2-19　热继电器外形图

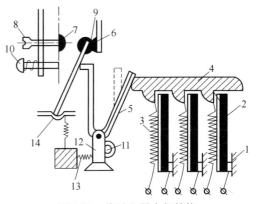

图 2-20　热继电器内部结构

1—双金属片固定支点;2—双金属片;3—热元件;4—导板;
5—补偿双金属片;6—常闭触点;7—常开触点;
8—复位螺钉;9—动触点;10—复位按钮;
11—调节旋钮;12—支撑;13—压簧;14—推杆

1．热继电器的形式

（1）双金属片式

利用两种膨胀系数不同的金属（通常为锰镍和铜板）辗压制成的双金属片受热弯曲去推动扛杆，从而带触头动作。

（2）热敏电阻式

利用电阻值随温度变化而变化的特性制成的热继电器。

（3）易熔合金式

利用过载电流的热量使易熔合金达到某一温度值时，合金熔化而使继电器动作。

以上三种形式中，以双金属片热继电器应用最多，并且常与接触器构成磁力起动器。

2．热继电器的选择

热继电器的选择应按电动机的工作环境、启动情况、负载性质等因素来考虑。

（1）热继电器结构形式的选择。星形连接的电动机可选用两相或三相结构热继电器；三角形连接的电动机应选用带断相保护装置的三相结构热继电器。

（2）热元件额定电流的选择。一般可按 $I_R = (1.15 \sim 1.5)I_N$ 选取，式中 I_R 为热元件的额定电流，I_N 为电动机的额定电流。

2.4.4 时间继电器

图 2-21 时间继电器外形

在控制线路中，为了达到控制的顺序性、完善保护等目的，常常需要使某些装置的动作有一定的延缓，例如顺序切除绕线转子电动机转子中的各段启动电阻等，这时往往要采用时间继电器。凡是感测系统获得输入信号后需要延迟一段时间，然后其执行系统才会动作输出信号，进而操纵控制电路的电器称为时间继电器，即从得到输入信号（即线圈通电或断电）开始，经过一定的延时后才输出信号（延时触点状态变化）的继电器，它被广泛用来控制生产过程中按时间原则制定的工艺程序。时间继电器的种类很多，根据动作原理可分为电磁式、电子式、气动式、钟表机构式和电动机式等。应用最广泛的是直流电磁式时间继电器和空气式时间继电器。时间继电器外形如图 2-21 所示。

时间继电器的图形和符号如图 2-22 所示。

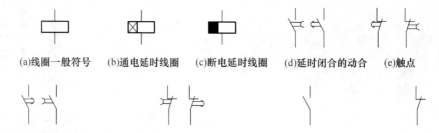

(a)线圈一般符号　(b)通电延时线圈　(c)断电延时线圈　(d)延时闭合的动合　(e)触点

(f)延时断开的动断(常闭)触点　(g)延时断开的动合(常开)触点　(h)延时闭合的动断(常闭)触点 (i)瞬动触点符号：KT

图 2-22 时间继电器的图形和符号

时间继电器的选择：

(1)根据控制线路的要求来选择延时方式,即通电延时型或断电延时型。

(2)根据延时准确度要求和延时长、短要求来选择。

(3)根据使用场合、工作环境选择合适的时间继电器。

2.4.5 电磁铁

电磁铁由线圈、铁心、衔铁等部分组成,如图 2-23 所示。电磁铁是利用电磁力原理工作的。当给电磁铁线圈加上额定工作电压时,工作电流通过线圈使铁心产生强大的磁力,吸引衔铁迅速向左运动,直至衔铁与铁心完全吸合(气隙为零)。衔铁的运动同时牵引机械部件动作。只要维持线圈的工作电流,电磁铁就保持在吸合状态。电磁铁本身一般没有复位装置,电磁铁是一种将电能转换为机械能的电控操作器件。电磁铁往往与开关、阀门、制动器、换向器、离合器等机械部件组装在一起,构成机电一体化的执行器件。依靠被牵引机械部件的复位功能,在线圈断电后衔铁向右复位。电磁铁主要应用在自动控制和远距离控制等领域。

1. 电磁铁的种类和符号

电磁铁的种类较多,按工作电源可分为直流电磁铁和交流电磁铁两大类,按衔铁行程可分为短行程电磁铁和长行程电磁铁两种,按用途可分为牵引电磁铁、阀门电磁铁、制动电磁铁、起重电磁铁等。图 2-24 所示为部分电磁铁外形。Y 表示电气操作的机械器件,YA 表示电磁铁。

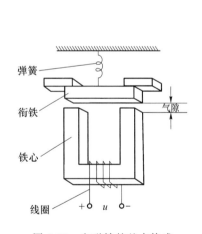

图 2-23　电磁铁的基本构成

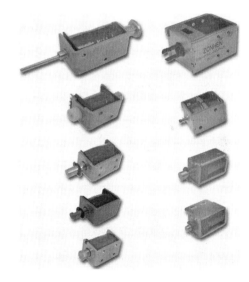

图 2-24　部分电磁铁的外形

2. 电磁铁的主要参数

电磁铁的主要参数有额定电压、工作电流、额定行程、额定吸力等。

(1) 额定电压是指电磁铁正常工作时线圈所需要的工作电压。对于直流电磁铁是直流电压;对于交流电磁铁是交流电压。必须满足额定电压要求才能使电磁铁长期可靠地工作。

(2) 工作电流是指电磁铁正常工作时通过线圈的工作电流。直流电磁铁的工作电流是一恒定值,仅与线圈电压和线圈直流电阻有关。交流电磁铁的工作电流不仅取决于线圈电压和线圈直流电阻,还取决于线圈的电抗,而线圈电抗与铁心工作气隙有关。因此,交流电磁铁在启动时电流很大,一般是衔铁吸合后的工作电流的几倍至几十倍。在使用时应保证提供足够的工作电流。

（3）额定行程是指电磁铁吸合前后衔铁的运动距离。常用电磁铁的额定行程从几毫米到几十毫米有多种规格,可按需选用。

（4）额定吸力是指电磁铁通电后所产生的吸引力。应根据电磁铁所操作的机械部件的要求选用具有足够额定吸力的电磁铁。

2.5 控 制 按 钮

按钮开关是一种手动操作接通或分断小电流控制电路的主令电器,是发出控制指令或者控制信号的电器开关。一般可以自动复位,其结构简单,应用广泛。触头允许通过的电流较小,一般不超过 5 A,主要用在低压控制电路中,手动发出控制信号。按钮开关按静态时触头分合状况,可分为常开按钮、常闭按钮及复合按钮。如图 2-25 所示,控制按钮一般由按钮、复位弹簧、触点和外壳等部分组成。

常态时在复位的作用下,由桥式动触头将静触头 1、2 闭合,静触头 3、4 断开;当按下按钮时,桥式动触头将静触头 1、2 断开,静触头 3、4 闭合。触头 1、2 被称为常闭触头或动断触头,触头 3、4 被称为常开触头或动合触头。

控制按钮用 SB 表示。如图 2-26 所示为控制按钮的图形和符号。

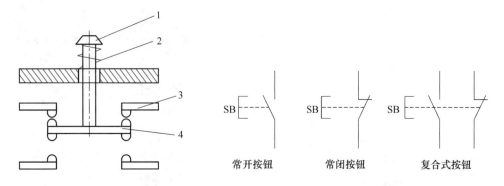

图 2-25　控制按钮结构图　　　　图 2-26　控制按钮的图形和符号
1—按钮帽;2—复位弹簧;3—静触点;4—动触点

控制按钮的外形如图 2-27 所示。为了标明各个按钮的作用,避免误操作,通常将按钮帽做成不同的颜色以示区别,其颜色有红、橘红、绿、黑、黄、蓝、白等颜色。一般以橘红色表示紧急停止按钮,红色表示停止按钮,绿色表示起动按钮,黄色表示信号控制按钮,白色表示自筹等。

图 2-27　控制按钮外形

紧急式按钮有突出的、较大面积并带有标志色为橘红色的蘑菇形按钮帽,以便于紧急操作。该按钮按动后将自锁为按动后的工作状态。

旋钮式按钮装有可扳动的手柄式或钥匙式并可单一方向或可逆向旋转的按钮帽。该按钮可实现诸如顺序或互逆式往复控制。

指示灯式按钮则是在可透明的按钮帽的内部装有指示灯,用作按动该按钮后的工作状态以及控制信号是否发出或者接收状态的指示。

钥匙式按钮则是依据重要或者安全的要求,在按钮帽上装有必须用特制钥匙方可打开或者接通装置的按钮。

选用按钮时应根据使用场合、被控电路所需触点数目、动作结果的要求、动作结果是否显示及按钮帽的颜色等方面的要求综合考虑。使用前,应检查按钮动作是否自如,弹簧的弹性是否正常,触点接触是否良好,接线柱紧固螺丝是否正常,带有指示灯的按钮其指示灯是否完好。由于按钮触点之间的距离较小,应注意保持触点及导电部分的清洁,防止触点间短路或漏电。

2.6　行程开关

位置开关又称行程开关或限位开关,是一种很重要的小电流主令电器,能将机械位移转变为电信号以控制机械运动。行程开关应用于各类机床和起重机械的控制机械的行程,限制它们的动作或位置,对生产机械予以必要的保护,位置开关利用生产设备某些运动部件的机械位移而碰撞位置开关,使其触头动作,将机械信号变为电信号,接通、断开或变换某些控制电路的指令,借以实现对机械的电气控制要求。通常,这类开关被用来限制机械运动的位置或行程自动停止、反向运动、变速运动或自动往返运动等。如图 2-28 所示为行程开关的结构。

如图 2-29 所示为行程开关图形和符号。

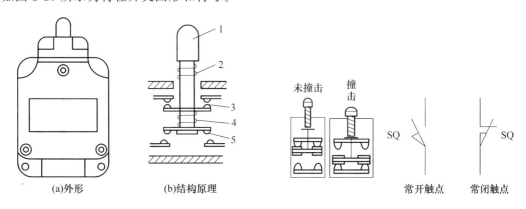

图 2-28　行程开关结构　　　　　　　图 2-29　行程开关图形和符号

1—顶杆;2—弹簧;3—动断触头;4—触头弹簧;5—动合触头

在电气控制系统中,位置开关的作用是实现顺序控制、定位控制和位置状态的检测。位置开关用于控制机械设备的行程及限位保护。位置开关由操作头、触点系统和外壳组成。

在实际生产中,将行程开关安装在预先安排的位置,当装在生产机械运动部件上的模块撞击行程开关时,行程开关的触点动作,实现电路的切换。因此,行程开关是一种根据运动部件的行程位置而切换电路的电器,它的作用原理与按钮类似。

行程开关广泛用于各类机床和起重机械,用以控制其行程、进行终端限位保护。在电梯的控制电路中,还利用行程开关来控制开关轿门的速度、自动开关门的限位,轿厢的上、下限位保护。

行程开关可以安装在相对静止的物体(如固定架、门框等,简称静物)上或者运动的物体(如行车、门等,简称动物)上。当动物接近静物时,开关的连杆驱动开关的接点引起闭合的接点分断或者断开的接点闭合。由开关接点开、合状态的改变去控制电路和机构的动作。

行程开关一般按照以下两种方式分类。

1. 按结构分类

行程开关按其结构可分为直动式、滚轮式、微动式和组合式。

(1) 直动式行程开关

动作原理同按钮类似,所不同的是:一个是手动,另一个则由运动部件的撞块碰撞。当外界运动部件上的撞块碰压按钮使其触头动作,当运动部件离开后,在弹簧作用下,其触头自动复位。

(2) 滚轮式行程开关

当运动机械的挡铁(撞块)压到行程开关的滚轮上时,传动杠连同转轴一同转动,使凸轮推动撞块,当撞块碰压到一定位置时,推动微动开关快速动作。当滚轮上的挡铁移开后,复位弹簧就使行程开关复位。这种是单轮自动恢复式行程开关。而双轮旋转式行程开关不能自动复原,它是依靠运动机械反向移动时,挡铁碰撞另一滚轮将其复原。

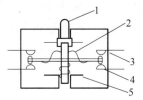

图 2-30 微动开关原理图
1—推杆;2—弹簧;3—动合触点;
4—动断触点;5—压缩弹簧

(3) 微动开关式行程开关

微动开关式行程开关的组成,以常用的 LXW-11 系列产品为例,其结构原理如图 2-30 所示。

2. 按用途分类

一般用途行程开关,如 JW2、JW2A、LX19、LX31、LXW5、3SE3 等系列,主要用于机床及其他生产机械、自动生产线的限位和程序控制。

起重设备用行程开关,如 LX22、LX33 系列,主要用于限制起重设备及各种冶金辅助机械的行程。

行程开关的选用:

在选用行程开关时,主要根据被控电路的特点、要求以及生产现成条件和所需要的触点的数量、种类等综合因素来考虑选用其种类,根据机械位置对开关形式的要求和控制线路对触点的数量要求以及电流、电压等级来确定其型号。例如直动式行程开关的分合速度取决于挡块的移动速度,当挡块的移动速度低于 0.4 m/min 时,触点分断的速度将很慢,触点易受电弧烧灼,这种情况下就应采用带有盘型弹簧机构能够瞬时动作的滚轮式行程开关。

2.7 接 近 开 关

接近开关是一种非接触式的位置开关。它由感应头、高频振荡器、放大器和外壳组成。当运动部件与接近开关的感应头接近时,就使其输出一个电信号。接近开关分为电感式和电容式两种。接近开关外形如图 2-31 所示。

电感式接近开关的感应头是一个具有铁氧体磁芯的电感线圈,只能用于检测金属体。振荡器在感应头表面产生一个交变磁场,当金属块接近感应头时,金属中产生的涡流吸收了振荡的能量,使振荡减弱以至停振,因而产生振荡和停振两种信号,经整形放大器转换成二进制的开关信号,从而起到"开""关"的控制作用。

图 2-31　接近开关外形

电容式接近开关的感应头是一个圆形平板电极,与振荡电路的地线形成一个分布电容,当有导体或其他介质接近感应头时,电容量增大而使振荡器停振,经整形放大器输出电信号。电容式接近开关既能检测金属,又能检测非金属及液体。常用的电感式接近开关型号有 LJ1、LJ2 等系列,电容式接近开关型号有 LXJ15、TC 等系列产品。

2.8　光 电 开 关

光电开关是传感器的一种,它把发射端和接收端之间光的强弱变化转化为电流的变化以达到探测的目的。由于光电开关输出回路和输入回路是电隔离的(即电缘绝),所以它可以在许多场合得到应用 。采用集成电路技术和 SMT 表面安装工艺而制造的新一代光电开关器件,具有延时、展宽、外同步、抗相互干扰、可靠性高、工作区域稳定和自诊断等智能化功能。这种新颖的光电开关是一种采用脉冲调制的主动式光电探测系统型电子开关,它所使用的冷光源有红外光、红色光、绿色光和蓝色光等,可非接触、无损伤地迅速和控制各种固体、液体、透明体、黑体、柔软体和烟雾等物质的状态与动作,具有体积小、功能多、寿命长、精度高、响应速度快、检测距离远以及抗光、电、磁干扰能力强的优点。

光电开关是利用被检测物对光束的遮挡或反射,由同步回路选通电路,从而检测物体的有无。物体不限于金属,所有能反射光线的物体均可被检测。光电开关将输入电流在发射器上转换为光信号射出,接收器再根据接收到的光线的强弱或有无对目标物体进行探测。安防系统中常见的光电开关烟雾报警器,工业中经常用它来计数机械臂的运动次数。

光电开关已被用作物位检测、液位控制、产品计数、宽度判别、速度检测、定长剪切、孔洞识别、信号延时、自动门传感、色标检出、冲床和剪切机以及安全防护等诸多领域。此外,利用红外线的隐蔽性,还可在银行、仓库、商店、办公室以及其他需要的场合作为防盗警戒之用。

光电开关按结构可分为放大器分离型、放大器内藏型和电源内藏型三类。根据检测方式的不同,红外线光电开关可分为漫反射式光电开关、镜面反射式光电开关、对射式光电开关、槽式光电开关、光纤式光电开关。各类光电开关外形如图 2-32 所示。下面主要介绍常用的几种光电开关。

图 2-32　各类光电开关外形

1. 对射式光电开关

对射式光电开关由发射器和接收器组成,其工作原理是:通过发射器发出的光线直接进入接收器,当被检测物体经过发射器和接收器之间阻断光线时,光电开关就产生开关信号。与反射式光电开关不同之处在于,前者是通过电—光—电的转换,而后者是通过介质完成。对射式光电开关的特点在于:可辨别不透明的反光物体,有效距离大,不易受干扰,高灵敏度,高解析,高亮度,低功耗,响应时间快,使用寿命长,无铅,广泛应用于投币机、小家电、自动感应器、传真机、扫描仪等设备上面。如图 2-33 所示是各种对射式光电开关的外形。

2. 槽形光电开关

槽形光电开关是对射式光电开关的一种,又被称为 U 形光电开关,是一款红外线感应光电产品,由红外线发射管和红外线接收管组合而成,而槽宽则就决定了感应接收型号的强弱与接收信号的距离,以光为媒介,由发光体与受光体间的红外光进行接收与转换,检测物体的位置。槽形光电开关与接近开关同样是无接触式的,受检测体的制约少,且检测距离长,可进行长距离的检测(几十米),检测精度高,能检测小物体,应用非常广泛。

如图 2-34 所示为槽形光电开关的外形。槽形光电开关是集红外线发射器和红外线接收器于一体的光电传感器,其发射器和接收器分别位于 U 形槽的两边,并形成一光轴,当被检测物体经过 U 形槽且阻断光轴时,光电开关就产生了检测到的开关信号。U 形光电开关安全可靠,适合检测高速变化,分辨透明与半透明物体,并且可以调节灵敏度。当有被检测物体经过时,将 U 形光电开关红外线发射器发射的足够量的光线反射到红外线接收器接收器,于是光电开关就产生了开关信号。

图 2-33　各种对射式光电开关外形　　　　　图 2-34　槽型光电开关外形

与接近开关同样,由于无机械运动,所以能对高速运动的物体进行检测。镜头容易受有机尘土等的影响,镜头受污染后,光会散射或被遮光,所以在有水蒸汽、尘土等较多的环境下使用的场合,需施加适当的保护装置。受环境强光的影响几乎不受一般照明光的影响,但像太阳光那样的强光直接照射受光体时,会造成误动作或损坏。

3. 反射式光电开关

反射式光电开关也属于红外线不可见光产品,是一种小型光电元器件,它可以检测出其接收到的光强的变化。在前期是用来检测物体有无感应到的,它是由一个红外线发射管与一个红外线接收管组合而成,它的发射波长是 780 nm～1 mm,发射器带一个校准镜头,将光聚焦射向接收器,接收器输出电缆将这套装置接到一个真空管放大器上。检测对象是当它进入间隙的开槽开关和块光路之间的发射器和检测器,当物体接近灭弧室,接收器的一部分收集的光线从对象反射到光电元件上面。它利用物体对红外线光束遮光或反射,由同步回路选通而检测物体的有无,其物体不限于金属,对所有能反射光线的物体均可检测。

第3章　机床电气控制

常见的基本控制线路包括三相异步电动机的点动控制、连续控制、混合控制等。掌握基本控制线路对各种机床及机械设备的电气控制线路的运行和维护是非常重要的。

3.1　电气线路的基本组成

电气控制原理图通常由主电路、控制电路、辅助电路、联锁保护环节组成。电气控制线路分析的基本思路是"先机后电、先主后辅、化整为零"。

查看电气控制原理图时,一般先分析执行元器件的线路(即主电路)。查看主电路有哪些控制元器件的触头及电气元器件等,根据它们大致判断被控制对象的性质和控制要求,然后根据主电路分析的结果所提供的线索及元器件触头的文字符号,在控制电路上查找有关的控制环节,结合元器件表和元器件动作位置图进行读图。控制电路的读图通常是由上而下或从左往右,读图时假想按下操作按钮,跟踪控制线路,观察有哪些电气元器件受控动作。再查看这些被控制元器件的触头又怎样控制另外一些控制元器件或执行元器件动作的。如果有自动循环控制,则要观察执行元器件带动机械运动将使哪些信号元器件状态发生变化,并又引起哪些控制元器件状态发生变化。在读图过程中,特别要注意控制环节相互间的联系和制约关系,直至将电路全部看懂为止。

电气控制电路图是描述电气控制系统工作原理的电气图,是用各种电气符号,带注释的围框,简化的外形表示的系统、设备、装置,元件的相互关系或连接关系的一种简图。对"简图"这一技术术语,切不可从字义上去理解为简单的图。"简图"并不是指内容"简单",而是指形式的"简化",是相对于严格按几何尺寸、绝对位置等绘制的机械图而言的。电气图阐述电路的工作原理,描述电气产品的构成和功能,用来指导各种电气设备、电气电路的安装接线、运行、维护和管理。电气图是沟通电气设计人员、安装人员和操作人员的工程语言,是进行技术交流不可缺少的重要手段。

要做到会看图和看懂图,首先必须掌握电气图的基本知识,即应该了解电气图的构成、种类、特点以及在工程中的作用,了解各种电气图形符号,了解常用的土木建筑图形符号,还应该了解绘制电气图的一般规则,以及看图的基本方法和步骤等。掌握了这些基本知识,也就掌握了看图的一般原则和规律,为看图打下了基础。

电气符号包括图形符号、文字符号、项目代号和回路标号等,它们相互关联、互为补充,以图形和文字的形式从不同角度为电气图提供了各种信息。只有弄清楚电气符号的含义、构成及使用方法,才能正确地看懂电气图。

3.2 基本控制线路

3.2.1 简单的正反转控制线路

简单的正反转控制线路如图 3-1 所示。

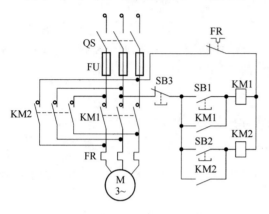

图 3-1 三相异步电动机正反转控制线路

（1）正向起动过程。按下起动按钮 SB1，接触器 KM1 线圈通电，与 SB1 并联的 KM1 的辅助常开触点闭合，以保证 KM1 线圈持续通电，串联在电动机回路中的 KM1 的主触点持续闭合，电动机连续正向运转。

（2）停止过程。按下停止按钮 SB3，接触器 KM1 线圈断电，与 SB1 并联的 KM1 的辅助触点断开，以保证 KM1 线圈持续失电，串联在电动机回路中的 KM1 的主触点持续断开，切断电动机定子电源，电动机停转。

（3）反向起动过程。按下起动按钮 SB2，接触器 KM2 线圈通电，与 SB2 并联的 KM2 的辅助常开触点闭合，以保证线圈持续通电，串联在电动机回路中的 KM2 的主触点持续闭合，电动机连续反向运转。

缺点：KM1 和 KM2 线圈不能同时通电，因此不能同时按下 SB1 和 SB2，也不能在电动机正转时按下反转起动按钮，或在电动机反转时按下正转起动按钮。如果操作错误，将引起主回路电源短路。

3.2.2 带电气互锁的正反转控制电路

具备电气互锁的三相异步电动机正反转控制电路如图 3-2 所示。将接触器 KM1 的辅助常闭触点串入 KM2 的线圈回路中，从而保证在 KM1 线圈通电时 KM2 线圈回路总是断开的；将接触器 KM2 的辅助常闭触点串入 KM1 的线圈回路中，从而保证在 KM2 线圈通电时 KM1 线圈回路总是断开的。这样接触器的辅助常闭触点 KM1 和 KM2 保证了两个接触器线圈不能同时通电，这种控制方式称为互锁或者联锁，这两个辅助常开触点称为互锁或者联锁触点。

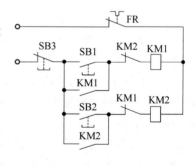

图 3-2 带电气互锁的
正反转控制线路

缺点：电路在具体操作时，若电动机处于正转状态要反转时必须先按停止按钮 SB3，使互锁触点 KM1 闭合后按下反转起动按钮 SB2 才能使电动机反转；若电动机处于反转状态要正转时必须先按停止按钮 SB3，使互锁触点 KM2 闭合后按下正转起动按钮 SB1 才能使电动机正转。

3.2.3　同时具有电气互锁和机械互锁的正反转控制电路

同时具有电气互锁和机械互锁的正反转控制电路如图 3-3 所示。采用复式按钮,将 SB1 按钮的常闭触点串接在 KM2 的线圈电路中;将 SB2 的常闭触点串接在 KM1 的线圈电路中;这样,无论何时,只要按下反转起动按钮,在 KM2 线圈通电之前就首先使 KM1 断电,从而保证 KM1 和 KM2 不同时通电;从反转到正转的情况也是一样。这种由机械按钮实现的互锁也称机械或按钮互锁。

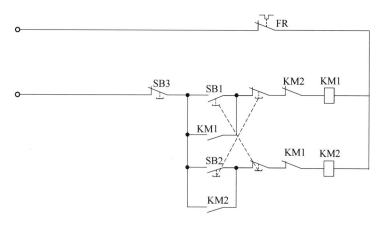

图 3-3　同时具有电气互锁和机械互锁的正反转控制线路

3.2.4　电动机点动控制电路与连续正转控制电路

点动正转控制线路用按钮、交流接触器来控制电动机的运行的最简单正转控制线路。电路由刀闸开关 QS、熔断器 FU、启动按钮 SB、交流接触器 KM 以及电动机 M 组成。首先合上开关 QS,三相电源被引入控制电路,但电动机还不能起动。按下控制线路中的启动按钮 SB,交流接触器 KM 线圈通电,衔铁吸合,触点动作,常开触点闭合,常闭触点断开,主电路中的交流接触器主触点闭合,电动机定子接入三相电源起动运行;当松开 SB 按钮,线圈 KM 断电,衔铁复位,主电路常开主触点 KM 断开,电动机因断电停止运转。如图 3-4 所示为三相异步电动机点动控制线路。

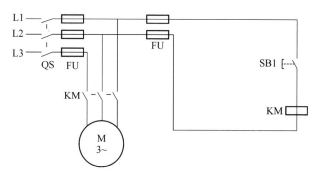

图 3-4　三相异步电动机点动控制线路

单向连续运转控制线路由启动按钮、停止按钮、交流接触器等构成,合上 QS,电机无法运转,闭合 SB2,线圈 KM 得电,主电路中接触器主触点闭合,电机得电运行,同时控制线路交流接触器辅助触点 KM 闭合,即使松开 SB2,电流依然会通过辅助触点 KM 构成回路,线圈保持通电的状态,电功机可以连续单向运行;当按下 SB1,瞬间控制回路断电,线圈失电,交流接触器主触头、辅助触头均恢复到原来状态,主电路电动机停止,即使松开 SB1,电功机已经停止。因此,SB1 是停止按钮,SB2 是启动按钮。其中 FU1 保护主电路,发生短路故障时会自动熔断,FU2 则保护控制回路;当主电路电动机发生过载、过热时,热继电器辅助触头 FR 会自动断开,切断控制回路电源,强制电动机停止运转,保护电动机。如图 3-5 所示为三相异步电动机启停控制线路。

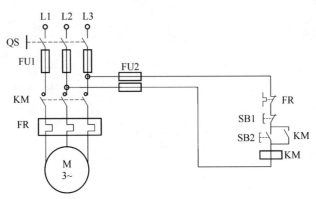

图 3-5　三相异步电动机停启控制线路

3.3　车床电气控制线路

3.3.1　CA6140 车床的电气控制线路

　　CA6140 车床的电气控制主要包括运动控制(切削运动)、系统冷却润滑控制和快速移动控制。主运动由主轴电动机的正反转运动来实现,主要完成对工件的切削加工。刀具的冷却润滑控制主要完成对工件和刀具进行冷却润滑,以延长刀具的寿命和提离加工质量。快速移动控制则是为了实现刀架的快速运动,以节约时间,提高劳动效率。CA6140 车床电气控制线路由主轴电动机 M1、快进电动机 M2、快进电动机 M3 以及相应的控制及保护电路组成。其主电路如图 3-6 所示,控制电路如图 3-7 所示。

3.3.2　车床电气线路分析

1. 主电路分析

　　(1) CA6140 车床的主电路由主轴电动机 M1、冷却泵电动机 M2、快进电动机 M3、自动空气开关 QF1 和 QF2 组成。主轴电动机 M1 的控制过程:系统启动时,首先合上自动空气开关 QF1,然后按下启动按钮 SB2,则 KM1 得电,主轴电动机 M1 开始运转,开始对工件进行切削加工。停车时,按停车按钮 SB3,KM1 失电,主轴电动机 M1 停转。

　　(2) 冷却泵电动机 M2 的控制:需要对加工刀具进行冷却润滑时,要合上自动空气开关 QF1,按启动按钮 SB2,KM2 得电,再合上自动空气开关 QF2,则冷却泵电动机 M2 开始运

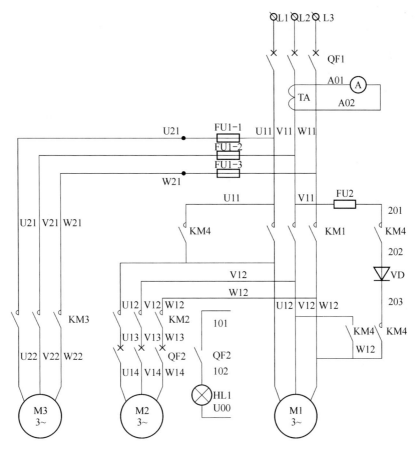

图 3-6 CA6140 车床电气线路主电路

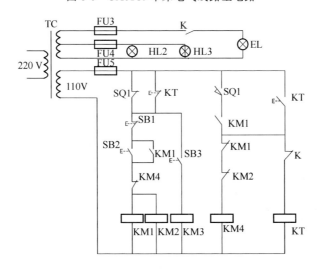

图 3-7 CA6140 车床电气线路控制电路

转,开始对刀具冷却润滑。不需要冷却润滑时,按停车按钮 SB3,KM2 失电,冷却泵电动机 M2 停转。

(3) 快进电动机 M3 的控制:快速 Z 进时,首先合上自动空气开关 QF1,按点动按钮 SB3, KM3 得电,快进电动机 M3 开始运转,以实现加工刀具的快速到位或离开。

2. 控制电路分析

（1）控制电路如图 3-7 所示，电源由电源变压器 TC 供给控制电路交流电压 127 V，照明电路采用交流电路 36 V，指示电路 6.3 V，即采用变压器 380 V/127 V，36 V，63 V.1. M1.M2 直接启动，合上 QF1，按下 SB2，KM1、KM2 线圈得电自锁，KM1 主触头闭合，M1 直接启动；KM2 主触头闭合，合上 QF2，M2 直接启动。

（2）M3 互接启动。合上 QF1，按下 SB3，KM3 线圈得电，KM3 主触头闭合，M3 直接启动（点动）。

（3）M1 能耗制动。

$$合上\ SQ1 \rightarrow KT\ 线圈得电 \left\{ \begin{array}{l} KT\ 常闭触点断开 \rightarrow KM1、KM2\ 线圈断电 \\ KT\ 常闭触点闭合， \\ KM4\ 线圈得电 \end{array} \right. \left\{ \begin{array}{l} 主触头闭合，M1\ 制动 \\ KT\ 线圈断电，延时\ T\ 秒后，KT \\ 延时触头复位，制动结束 \end{array} \right.$$

3. 辅助电路分析

电源变压器 TC 供给控制电路交流电压 110 V，照明电路交流电路 36 V，指示电路 6 V。即采用变压器 380 V/110 V，36 V，6 V。照明电路由开关 K 控制灯泡 EL，熔断器 FU3 用作照明电路的短路保护，冷却泵电动机 M2 运行指示灯 HL1，6 V 电压供电源指示 HL2 和刻度照明 HL3 来使用。

4. 联锁与保护电路

主轴电动机和冷却泵电动机在主电路中是顺序联锁关系，以保证在主轴电动机运转的同时，冷却泵电动机也同时运行。另外，使用电流互感器检测电流，监视电动机的工作电流，防止电流过大烧坏电动机。

3.4 铣床电气控制

3.4.1 X62W 卧式万能铣床电气控制线路

X62W 卧式万能铣床的电气控制主要包括主运动控制（铣刀旋转运动）、进给运动控制和辅助运动控制。主运动由主轴电动机的正反转运动来实现，主要完成对工件的旋转铣削加工。进给运动控制主要完成在加工中工作台带动工件上下、左右、前后运行和圆工作台的旋转运动。主运动和进给运动之间没有速度比例要求，分别由单独的电动机拖动。主轴电动机空载时可直接启动，要求有正反转实现顺铣和逆铣。刀具的冷却润滑控制主要完成对工件和刀具进行冷却润滑，以延长刀具的寿命和提高加工质量。快速移动控制则是为了实现工作台带动工件的快速移动，缩短调整运动的时间，提高生产效率。

X62W 卧式万能铣床电气控制线路包括主电路、控制电路和信号照明电路三部分。其电气控制线路由主轴电动机 M1、进给电动机 M2、冷却泵电动机 M3 以及相应的控制及保护电路组成。万能铣床电气控制线路如图 3-8 所示。

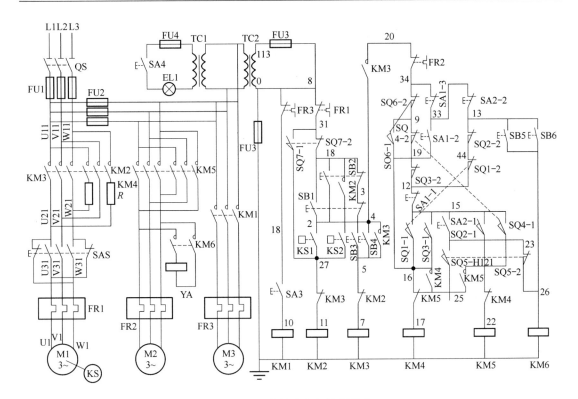

图 3-8　万能铣床电气控制线路

3.4.2　X62W 卧式万能铣床电气控制线路分析

1. 主电路分析

X62W 卧式万能铣床电气控制主电路中共有 3 台控制用电动机。其中，M1 为主轴电动机，用接触器 KM3 直接启动，用倒顺开关 SA5 实现正反转控制，用制动接触器 KM2 串联不对称电阻 R 实现反接制动。MZ 为进给电动机，其正、反转由接触器 KM4、KM5 实现，快速移动由接触器 KM6 控制电磁铁 YA 实现；冷却泵电动机 M2、M3 由接触器 KM1 控制。另外，3台电动机都用热继电器实现过载保护。

2. 控制电路分析

（1）主轴电动机的控制。①启动控制。先将转换开关 SA5 打到预选方向位置，闭合 QS，按下启动按钮 SB1（或 SB2），KM3 得电并自锁，M1 直接启动（M1 升降后，速度继电器 KS 的触头动作，为反接制动做准备）。②停车控制。按下停止按钮 SB3（或 SB4），KM3 失电，KM2 得电，进行反接制动。当 M1 的转速下降至一定值时，KS 的触头自动断开，M1 失电，制动过程结束。

（2）进给电动机的控制。进给电动机带动工作台，以实现左右、前后、上下共 6 个方向的运动，主要是通过两个手柄（十字形手柄和纵向手柄）操作 4 个限位开关（SQ1～SQ4）来完成机械挂挡，接通 KM5 或 KM4，实现正反转而拖动工作台按预选方向进给。

圆工作台选择开关 SA1，设有接通和断开两个位置，三对触头的通断。当不需要回工作台工作时，将 SA1 置于按通位置。否则，置于断开位置。

工作台左右进给运动的控制。该运动由纵向操纵手柄来实现控制，手柄设有左、中、右三个位置，各位置对应的限位开关 SQ1 和 SQ2 的工作状态如表 3-1 所示。

表 3-1　SQ1 和 SQ2 的工作状态

触头	位置		
	向左	中间(停)	向右
SQ1-1	−	−	+
SQ1-2	+	+	−
SQ2-1	+	−	−
sQ2-2	−	+	+

向右运动:将纵向操作手柄打向"右",纵向离合器被合上的同时压迫行程开关 SQ1,SQ1 闭合,则接触器 KM4 得电,进给电动机 M2 正转,带动工作台向右运动。停止时,将手柄扳回中间位置,纵向进给离合器脱开的同时 SQ1 复位,KM4 断电,M2 停转。

工作冷却泵电动机的控制:由转换开关 SA3 控制接触器 KM1 实现冷却泵电动机 M3 的启动和停止。

控制电路和联锁:X62W 型铣床的控制电路较复杂,为安全可作地工作,必须具有必要的联锁。

主运动和进给运动的顺序联锁:为了实现该联锁,将进给运动的控制电路接在接触器 KM3 自锁触头之后,从而保证了 M1 启动后(若不需要 M1 启动,将 SA5 扳至中间位置)才可启动 M2。主轴停止时,进给立即停止。

工作台左右、上下、前后 6 个运动方向间的联锁:6 个运动方向采用机械和电气双重联锁。工作台的左、右用一个手柄控制,手柄本身就能起到左、右运动的联锁。工作台的横向的垂直运动间的联锁由十字形手柄实现,工作台的纵向与横向垂直运动间的联锁则利用电气方法实现。行程开关 SQ1、SQ2 和 SQ3、SQ4 的常闭触头分别串联后,再并联形成两条通路供给 KM4 和 KM5 线圈。若一个手柄扳动后再去扳动另一个手柄,将使两条电路断开,接触器线圈就会断电,工作台停止运动,从而实现运动间的联锁。

圆工作台和机床工作台间的联锁:圆工作台工作时,不允许机床工作台在纵、横、垂直方向上有任何移动。圆工作台转换开关 SA1 扳到接通位置时,SAM、SA1-3 切断了机床工作台的进给控制回路,使机床工作台不能在纵、横、垂直方向上做进给运动。圆工作台的控制电路中串联了 SQ1-2、SQ2-2、SQ3-2、SQ4-2 常闭触头,所以扳动工作台任一方向的进给手柄都将使圆工作台停止转动,实现了圆工作台的机床工作合纵向、横向及垂直方向运动的联锁控制。

3.5　平面磨床控制

平面磨床的结构如图 3-9 所示,由床身、工作台、电磁吸盘、砂轮箱、滑座、立柱等部分组成。在箱形床身 1 中装有液压传动装置,以使矩形工作台 2 在床身导轨上通过压力油推动活塞杆 10 作往复运动(纵向)。而工作台往复运动的换向是通过换向撞块 8 碰撞床身上的换向手柄 9 来改变油路实现的。工作台往复运动的行程长度可通过调节装在工作台正面槽中的撞块 8 的位置来改变。工作台的表面是 T 形槽,用来安装电磁吸盘以吸持工件或直接安装大型工件。

在床身上固定有立柱 7,沿立柱 7 的导轨上装有滑座 6,滑座可在立柱导轨上作上下移动,并可由垂直进刀手轮 11 操纵。砂轮箱 4 能沿滑座水平导轨作横向移动,可由横向移动手轮 5 操纵,也可由液压传动作连续或间断移动,连续移动用于调节砂轮位置或整修砂轮,间断移动用于进给。

平面磨床采用多电动机拖动,其中砂轮电动机拖动砂轮旋转;液压电动机驱动油泵,供出压力油,经液压传动机械来完成工作台往复运动并实现砂轮的横向自动进给,还承担工作台导轨的润滑;冷却泵电动机拖动冷却泵,供给磨削加工时需要的冷却液。

平面磨床的电力拖动控制需求如下:

(1)砂轮、液压泵、冷却泵 3 台电动机都只要求单方向旋转,砂轮升降电动机需双向旋转。

(2)冷却泵电动机应随砂轮电动机的开动而开动,若加工中不需要冷却液时,可单独关断冷却泵电动机。

(3)在正常加工中,若电磁吸盘吸力不足或消失时,砂轮电动机与液压泵电动机应立即停止工作,以防止工件被砂轮切向力打飞而发生人身和设备事故。不加

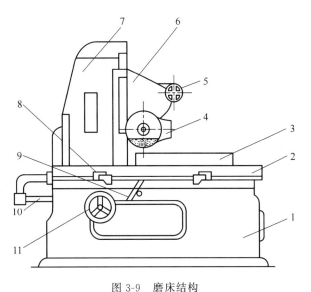

图 3-9 磨床结构

1—床身;2—工作台;3—电磁吸盘;4—砂轮箱;
5—砂轮箱横向移动手轮;6—滑座;7—立柱;
8—工作台换向撞块;9—工作台往复运动换向手柄;
10—活塞杆;11—砂轮箱垂直进刀手轮

工时,即电磁吸盘不工作的情况下,允许砂轮电动机与液压泵电动机开动,机床作调整运动。

(4)电磁吸盘励磁线圈具有吸牢工件的正向励磁、松开工件的断开励磁以及抵消剩磁便于取下工件的反向励磁控制环节。

(5)具有完善的保护环节。各电路的短路保护,各电动机的长期过载保护,零压、欠压保护,电磁吸盘吸力不足的欠电流保护,以及线圈断开时产生高电压而危及电路中其他电气设备的过压保护等。

(6)机床安全照明电路与工件去磁的控制环节。

3.5.1 主电路分析

1. 主电路

主电路共有 4 台电动机。其中 M1 为液压泵电动机,实现工作台的往复运动,由接触器 KM2 的主触点控制,单向旋转。M2 为砂轮电动机,带动砂轮转动来完成磨削加工工作。M3 为冷却泵电动机,M2 和 M3 同由接触器 KM2 的主触点控制,单向旋转,冷却泵电动机 M3 只有在砂轮电动机 M2 启动后才能运转。由于冷却泵电动机和机床床身是分开的,因此通过插头插座 XS2 接通电源。M4 为砂轮升降电动机,用于在磨削过程中调整砂轮与工件之间的位置,由接触器 KM3、KM4 的主触点控制,双向旋转。

M1、M2、M3 是长期工作,因此装有 FR1、FR2、FR3 分别对其进行过载保护,M4 是短期工作的,不设过载保护。熔断器 FU1 作整个控制电路的短路保护。

2. 电动机 M1-M4 控制电路和电磁吸盘电路

根据电动机 M1-M3 主电路控制电器主触点的文字符号 KM1、KM2,在图 3-10 中可找到接触器 KM1、KM2 线圈电路,由此可得到 M1-M3 的控制电路如图 3-11 所示。图中有动合触点 KV,由图区可知.触点 KV 为欠电压继电器 KV 的动合触点。

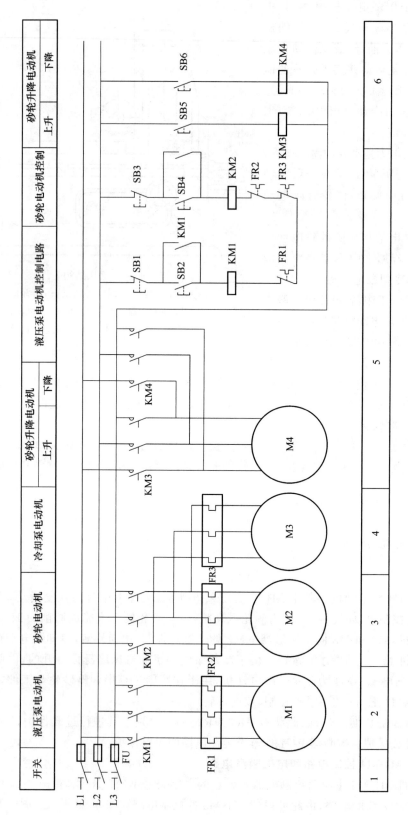

图 3-10 M7120 型平面磨床电气线路

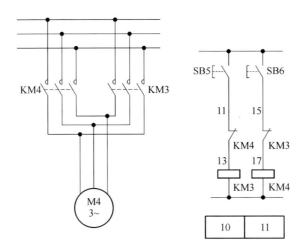

图 3-11　M1-M3 控制线路

3.5.2　控制线路分析

由图 3-11 可看出,当电源电压过低使电磁吸盘吸力不足或吸力消失时,会导致在加工过程中工件飞离吸盘而发生人身和设备事故,因此吸盘线圈两端并联欠电压继电器 KV 作电磁吸盘的欠电压保护。当电源电压过低时,KV 不吸合,串接在 KM1、KM2 线圈控制电路中的动合触点 KV 断开,切断 KM1、KM2 线圈电路,使砂轮电动机 M2 和液压泵电动机 M1 停止工作,确保安全。

(1)液压泵电动机 M1 的控制

合上总开关 QS1,整流变压器 TR[14,15]的二次绕组输出 110 V 交流电压,经桥式整流器整流得到直流电压,使电压继电器 KV 得电吸合,其动合触点 KV 闭合,使液压泵电动机 M1 和砂轮电动机 M2 的控制电路具有得电的前提条件,为启动电动机做好准备。如果 KV 不能可靠动作,则各电动机均无法运行。由于平面磨床的工件靠直流电磁吸盘的吸力将工件吸牢在工作台上,因此只有具备可靠的直流电压后,才允许启动砂轮和液压系统,以保证安全。

液压泵电动机 M1 由 KM1 控制,SB1 是停止按钮,SB2 是启动按钮。当欠电压继电器 KV 吸合后,其动合触点 KV 闭合,为 KM1、KM2 得电提供通路。

按下 SB2 →KM1 得电吸合→主触点闭合→液压泵电动机 M1 启动运转

　　　　　　　⎡KM1 闭合,自锁
　　　　　　　⎣KM1 [18]闭合,指示灯 HL1 点亮

按下 SB1 →KM1 失电→主触点断开→液压泵电动机 M1 停止运转

　　　　　　　⎡KM1 复位断开,解除自锁
　　　　　　　⎣KM1 [18]复位断开,指示灯 HL1 熄灭

在运转过程中,若 M1 过载,则热继电器 FR 的动断触点 FR1 断开,使 KM 失电释放主触点断开 KM,电机停转,起到过载保护作用。

(2)砂轮电动机 M1 和冷却泵电动机 M3 的控制

砂轮电动机 M1 和冷却泵电动机 M3 由 KM1 控制,SB3 是停止按钮,SB4 是启动按钮。由于冷却泵电动机 M3 通过连接器 XS,与 M2 联动控制,因此 M3 和 M2 同时启动运转。若不需要冷却时,可将插头拔出。

按下 SB4 →KM2 得电吸合→主触点闭合→砂轮电动机 M2 和冷却泵电机 M3 启动运转

$$\left[\begin{array}{l} KM2\ 闭合,自锁 \\ KM2\ [19]闭合,指示灯\ HL2\ 点亮 \end{array}\right.$$

按下 SB3 →KM2 失电释放→主触点断开→砂轮电动机 M2 和冷却泵电机 M3 启动运转

$$\left[\begin{array}{l} KM2\ 复位断开,解除自锁 \\ KM2[19]复位断开,指示灯\ HL2\ 熄灭 \end{array}\right.$$

（3）砂轮升降电动机 M4 的控制

砂轮升降电动机只有在调整工件和砂轮之间位置时才使用,因此用点动控制。

如图 3-12 所示,砂轮升降电动机 M4 由 KM3、KM4 控制其正、反转,SB5 为上升（正转）按钮,SB6 为下降（反转）按钮。当按下点动按钮 SB5（或 SB6）时,接触器 KM3（或 KM4）得电吸合,电动机 M4 启动正转（或反转）,砂轮上升（或下降）。砂轮达到所需位置时,松开 SB5（或 SB6）,KM3（或 KM4）失电释放,M4 停转,砂轮停止上升（或下降）。为了防止电动机 M 的正、反转电路同时被接通,在 KM3、KM4 的电路中串 KM4、KM3,从而实现联锁控制。

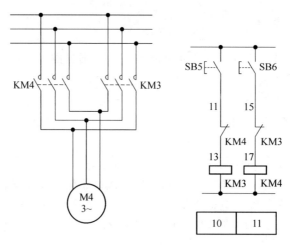

图 3-12　M4 控制线路

电磁吸盘又称电磁工作台,也是安装工件的一种夹具,与机械夹具相比,具有夹紧迅速、不损伤工件且一次能吸牢若干个工件,工作效率高,加工精度高等优点。但它的夹紧程度不可调整,电磁吸盘要用直流电源,且不能用于加工非磁性材料的工件。电磁吸盘控制电路由整流电路、控制电路和保护电路等组成。整流电路由整流变压器 TR 和单相桥式整流器 UR 组成,供给 110 V 直流电源,控制电路由按钮 SB7、SB8、SB9 和接触器 KM5、KM6 组成。

第4章 常用电子元器件简介

电子产品性能的优劣,不但与电路的设计、结构和工艺水平有关,而且与正确选用元器件有很大的关系。一部整机是由许多元器件组成的,它们在电路中都起着不同的作用。因此,对它们的结构、特性、使用方法及注意事项等基本知识都应该有所了解,下面对几种常见的元器件作简单介绍。

4.1 电 阻 器

电阻器(简称电阻)是电子设备中应用最多的元件之一,在电路中多用来进行分压、分流、滤波(与电容组合)、阻抗匹配等。电阻实际上是吸收电能的换能元件,消耗电能使自身温度升高,其负荷能力取决于电阻长期稳定工作的允许发热温度。常见电阻的外形如图 4-1 所示。

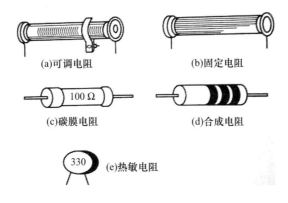

(a)可调电阻　　　　　(b)固定电阻

(c)碳膜电阻　　　　　(d)合成电阻

(e)热敏电阻

图 4-1　常见电阻外形

4.1.1 电阻器的种类和参数

电阻器的种类很多,分类方法也各不相同。通常可按电阻体材料、电阻的用途等进行分类。若按制造电阻的材料分类,可分为:①合金型,用块状电阻合金拉制成合金线或碾压成合金箔制成电阻,如线绕电阻、精密合金箔电阻等;②薄膜型,在玻璃或陶瓷基体上沉积一层电阻薄膜,膜厚一般在几微米以下,薄膜材料有碳膜、金属膜、化学沉积膜及金属氧化膜等;③合成型,电阻体本身由导电颗粒和有机(或无机)黏结剂混合而成,可制成薄膜或实芯两种,常见的有合成膜电阻和实芯电阻。

按用途的不同可分为:①通用型,指一般技术要求的电阻,额定功率范围为 0.05～2 W,阻值为 1 Ω~22 MΩ,允差±5%、±10%、±20%等;②精密型,有较高的精度和稳定性,功率一般不大于 2 W,标称值在 0.01 Ω~20 MΩ 之间,精密允差为 ±2%~ ±0.001%之间分挡;③高频型,电阻自身电感量极小,常称为无感电阻,用于高频电路,阻值一般小于 1 kΩ,功率范围宽,最大可达 100 W;④高压型,用于高压装置,功率在 0.5~15 W 之间,额定电压可达 35 kV 以上,标称阻值可达 1 000 MΩ;⑤高阻型,阻值都在 10 MΩ 以上;⑥集成电阻,这是一种电阻网络,它具有体积小、规整化、精密度高等特点,适用于电子设备及计算机工业生产中。

另外,还有一种特殊用途的敏感电阻器,如光敏电阻器、气敏电阻器、压敏电阻器、磁敏电阻器、热敏电阻器等。这些敏感电阻器在电路中主要用作传感器,以实现将其他光、热、压力、气味等物理量转换成电信号的功能。

电阻器的主要参数有两个:标称阻值和额定功率。前者是指电阻体表面上标注的电阻值(对热敏电阻器则是 25 ℃ 时的阻值);后者是指电阻器在直流或交流电路中,当在一定大气压力下和在产品标准中规定的温度下(−55~125 ℃不等),长期连续工作所承受的最大功率。常用的电阻标称功率值有 1/16 W、1/8 W、1/4 W、1/2 W、1 W、2 W、3 W、5 W、10 W、20 W 等多种。

4.1.2 电阻器的标识方法

1. 直标法

直标法是指在元件表面上直接标出数值与偏差,如图 4-2 所示。直标法中可以用单位符号代替小数点,例如 0.33 Ω 可标为 Ω33,3.3 k 可标为 3k3。

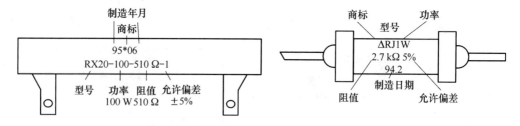

图 4-2 直标法表示的电阻

2. 色环法

色环法是指用不同颜色代表数字,表示标称值和偏差。此法是在电阻器表面从左至右印刷有 4 个或 5 个色环,从左至右的前 2 个或 3 个色环代表阻值的第一、第二位或第一、第二、第三位有效数字,第 3 个或第 4 个色环代表倍乘,第 4 个或第 5 个代表阻值精度,如图 4-3 所示。

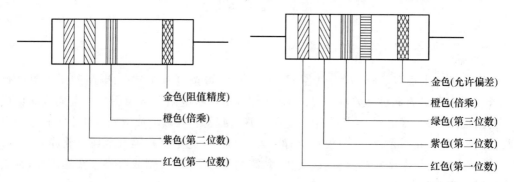

图 4-3 色环法表示的电阻

各个色环代表的含义如表 4-1 所示。

表 4-1　电阻色环含义

色环颜色	代表有效数字	代表倍数	代表阻值精度 %
银	—	10^{-2}	± 10
金	—	10^{-1}	± 5
黑	0	10^{0}	
棕	1	10^{1}	± 1
红	2	10^{2}	± 2
橙	3	10^{3}	
黄	4	10^{4}	
绿	5	10^{5}	± 0.5
蓝	6	10^{6}	± 0.2
紫	7	10^{7}	± 0.1
灰	8	10^{8}	
白	9	10^{9}	

4.2　电　位　器

4.2.1　电位器的图形符号

电位器是由一个电阻体和一个转动或滑动系统组成的阻值可调的电阻器,其主要是用来分压、分流和作为变阻器用。它的符号是在电阻器的基本符号上再画一条带有箭头的折线表示电位器的活动节点,其图形符号如图 4-4(a)所示。有的电位器带有开关,称为开关电位器,它是由基本电位器的符号和一个开关符号组成,并在两者之间用虚线来连接,表示开关和电位器是由同轴实现控制的,其图形符号如图 4-4(b)所示。

4.2.2　电位器的结构

在电路中通过调整电位器的轴可获得一个可变的电位,对外有三个引出端,其中 A、C 分别为电阻片的两端,B 为中间滑动端。B 的位置改变必然引起 AB 和 BC 之间电阻值的变化,但总阻值不变。电位器结构如图 4-5 所示。

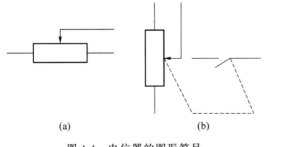

(a)　　　　　　　　(b)

图 4-4　电位器的图形符号

图 4-5　电位器结构

4.2.3 常用电位器分类

电位器的种类繁多,分类也不同。按电阻体的材料,可分为线绕电位器和非线绕电位器。线绕电位器又分为通用线绕电位器、精密线绕电位器、功率型线绕电位器、微调线绕电位器等。非线绕电位器又可分为合成碳膜电位器、金属膜电位器、金属氧化膜电位器、玻璃釉电位器等,另外,有机实芯电位器、无机实芯电位器也属于非线绕电位器。

线绕电位器的电阻体是用电阻丝绕在绝缘胶木上制成的。其特点是耐高温、精度高、额定功率大、稳定性好、寿命长,但其阻值范围小,分布参数大。膜式电位器的共同特点是阻值范围宽,分辨率高,分布电容和分布电感小,制作容易,价格便宜,但比线绕电位器的额定功率小,寿命也短。有机实芯电位器是用碳黑、石墨、石英粉、有机黏合剂等经过加热加压后压入塑料基体上制成的,其特点是可靠性高、体积小、耐磨性好、分辨率高、阻值范围宽、耐热性好,但其耐湿性不好、噪声大、精度低,主要用于对可靠性要求较高的电路中。

按接触方式,电位器又可分为接触式电位器和非接触式电位器。前面介绍的都属于接触式的。非接触式电位器有光电电位器、电子电位器、磁敏电位器等。

按结构特点,电位器又可分为单联电位器、双联电位器、多联电位器;单圈电位器、多圈电位器、开关电位器;锁紧电位器、非锁紧电位器等。

按调节方式,电位器可分为旋转式电位器、直滑式电位器等类型。

4.3 电 容 器

4.3.1 电容器概述

电容器在电子仪器中是一种必不可少的基础元件,调谐电路要用到它,耦合、旁路、滤波等也要用到它。它的基本结构是两块平行金属板中间隔一绝缘体组成。电容器是储存电荷的一种元件,但不同的电容器储存电荷的能力是不一样的。电容量就是表示电容储存电荷能力的,它用符号 C 表示。

将两个结构不同的电容器,让它们在相同的电源电压作用下充满电后,发现它们所储存的电荷数量并不相等,储存电荷多的则储电能力强,储存电荷少的则储电能力弱。因此,在相同电压的条件下,比较电容器储存电荷的多少,就能衡量出电容器储电能力的大小。我们把电容器在 1 V 电压作用下所能储存的电荷数量称为电容器的电容量(简称电容)用公式表示为:

$$C = Q/U$$

电容的国际单位是库仑/伏特,它的专用名称是法拉,代号为 F。当电容器极板上的电荷为 1 C,极板间的电势差为 1 V 时,电容器极板上的电荷为 1 F。法拉这个单位所表示的单位值过大,实用中常用较小的单位,如微法(μF)和皮法(pF),它们和法拉的换算关系是

$$1\ \mu F = 10^{-6}\ F \qquad\qquad 1\ pF = 10^{-6}\ \mu F = 10^{-12}\ F$$

4.3.2 电容器的种类

1. 按介质材料分类

(1)有机介质(复合介质):纸介电容、塑料电容、薄膜复合电容。

（2）无机介质：云母电容、玻璃釉电容、陶瓷（独石）电容。

（3）气体介质：空气电容、真空电容、充气电容。

（4）电解质：普通铝电解电容、钽电解电容、铌电解电容。

2．按容量是否可调分类

（1）固定电容。

（2）可调电容：空气介质、塑膜介质。

（3）微调电容：陶瓷介质、空气介质、塑膜介质。

3．几种常用电容

常见的电容器外形如图 4-6 所示，在收音机中最常见的电容有电解电容、涤纶电容、瓷介电容和可调电容等。下文对它们做简单介绍。

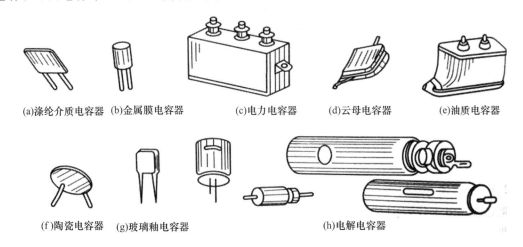

(a)涤纶介质电容器 (b)金属膜电容器   (c)电力电容器   (d)云母电容器   (e)油质电容器

(f)陶瓷电容器 (g)玻璃釉电容器   (h)电解电容器

图 4-6　常见电容器外形

（1）电解质电容器

电解质电容器是用铝（钽或铌等）箔和浸过电解液的纸或纱布交替叠好，卷成圆筒形，外部用铝壳密封而制成的。铝箔和电解液起电化作用，在铝箔表面生成一层极薄的氧化铝薄膜作为介质，由于薄膜与铝箔之间有单向导电性，即当铝箔具有较高电位，电解液一边具有较低电位时，薄膜具有较好的绝缘性能；相反时，则能通过电流。所以电解电容器的两端具有正负极之分，只有当铝箔（正极）和电路中的高电位相接，铝制外壳（负极和电解液相通）与电路中的低电位相接时，才能正常工作；相反则是不可以的。

电解电容的特点是容量大（最大可达 6 000 μF）、有极性、成本低，但是它的耐压较低（500 V 以下），漏电损耗大，稳定性差，所以只能用在直流或脉动电路中。电解电容通常在电容体上标有该电容器的极性、容量值和耐压值。选用电解电容时，除选择其容量外，还要考虑耐压值，所选电容的耐压值应高于或等于要接的电路中可能出现的最高电压值。

（2）涤纶电容器

涤纶电容器的介质为涤纶薄膜，外形结构有金属壳密封的，有塑料壳密封的，还有的是将卷好的芯子用带色的环氧树脂包封的。其性能特点是容量大、体积小、耐热和耐湿性好、制作成本低，但其稳定性较差。

（3）瓷介电容器

瓷介电容器是用陶瓷材料作介质，在陶瓷片上覆银而制成电极，再焊上引出线，最后在外面涂上保护漆,其性能特点是容量小、体积小、漏电小、耐压高、耐热性能好、性能稳定、无极性等特点。

(4) 可调电容器

可调电容器一般由两组金属片组成电极,其中固定的一组称为定片,可旋转的一组称为动片,当旋转动片时,就可以达到调整电容量大小的目的。在超外差式收音机中一般用有机薄膜介质的双联可调电容器,其在电路中主要是用来选择电台的。

4.3.3 电容器的主要参数

1. 额定直流工作电压

额定直流工作电压指在规定温度范围内,电容器在电路中能够长期(指工作寿命内)可靠地工作而不被击穿时所能承受的最大直流电压。其大小与介质的种类和厚度有关。

2. 标称电容量 C_r 与允许误差 δ

标志在电容器上的电容量称作标称电容量 C_r。电容器的实际电容量与标称电容量的允许最大偏差范围,称作它的允许误差 δ。

3. 漏电电阻和漏电电流

电容器中的介质并不是绝对的绝缘体,或多或少总有些漏电。除电解电容器漏电流稍大外,一般电容器漏电流是很小的。显然,电容器的漏电流越大,绝缘电阻越小。当漏电流较大时,电容器发热。发热严重时,电容器会因过热而损坏。

4.3.4 电容器的标识方法

1. 数码法

用三位数字表示元件标称值。从左至右,前两位数表示有效数字,第三位表示零的个数,即前二位乘以 10^n($n=0\sim8$),当 $n=9$ 时为特例,表示 10^{-1}。

需要注意的是,这种方法表示的电容,单位为 pF。例如,电容 223 表示它的容量是 $0.022\ \mu F$。

2. 直标法

将主要参数和技术指标直接标注在电容器表面上。直标法中电容量的单位分别为 pF、μF、F,允许误差直接用百分数表示。但有的国家常用一些符号标明单位,如 3.3 pF 标为 "3P3",3 300 pF 标为 "3n3"。

3. 色环法

与电阻的色环法相同。单位为 pF。

4.3.5 电容器的简易测试

1. 检测 10 pF 以下的固定电容器

因 10 pF 以下的固定电容器容量太小,用万用表进行测量,只能定性地检查其是否漏电、内部短路或击穿现象。测量时,可选用万用表 $R\times10$ k 挡,用两表笔分别任意接电容的两个引脚,阻值应为无穷大。若测出阻值(指针向右摆动)或阻值为零,则说明电容漏电损坏或内部击穿。

2. 检测 10 pF～0.01 μF 固定电容器

方法同 1,其区别是万用表测量电容器两端阻值很大,大于 20 MΩ,但不为无穷大。

3. 检测 0.01 μF 以上的固定电容器

先用两表笔任意触碰电容的两引脚,然后调换表笔再触碰一次,如果电容是好的,万用表指针会向右摆动一下,随即向左迅速返回无穷大位置。电容量越大,指针摆动幅度越大。如果反复调换表笔触碰电容两引脚,万用表指针始终不向右摆动,说明该电容的容量已低于 0.01 μF 或者已经消失。测量中,若指针向右摆动后不能再向左回到无穷大位置,说明电容漏电或已经击穿短路。测量时要注意,为了观察到指针向右摆动的情况,应反复调换表笔触碰电容器两引脚进行测量,直到确认电容有无充电现象为止。

4. 电解电容器的检测

(1) 由于电解电容的容量较一般固定电容大得多,测量时,应针对不同容量选用合适的量程。根据经验,一般情况下,1～47 μF 间的电容可用 $R \times 1$ k 挡测量,大于 47 μF 的电容可用 $R \times 100$ 挡测量。

(2) 将万用表红表笔接负极,黑表笔接正极,在刚接触的瞬间,万用表指针即向右偏转较大幅度,接着逐渐向左回转,直到停在某一位置。此时的阻值便是电解电容的正向漏电阻,此值越大,说明漏电流越小,电容性能越好。然后将红黑表笔对调,万用表指针将重复上述现象。但此时所测阻值为其反向漏电阻,此值略小于正向漏电阻。在测量中,若正向、反向均无充电的现象,即表针不动,则说明容量消失或内部短路;如果所测阻值很小或为零,说明电容漏电大或已击穿损坏,不能再使用。

4.4　晶　体　管

4.4.1　半导体基本知识

半导体晶体管自 20 世纪 50 年代问世以来,作为一代产品曾为电子产品的发展起了重要作用。目前虽然集成电路被广泛应用,并在不少场合取代了晶体管,但任何时候都不能将晶体管完全取而代之。因为晶体管有其自身的特点,并在电子产品中发挥着其他元器件所不能起到的作用,因而晶体管不仅不能被淘汰,而且还会有所发展。

1. 本征半导体

导电能力介于导体和绝缘体之间的物质称为半导体。在半导体器件中最常见的是硅和锗两种材料。纯净的半导体称为本征半导体。

2. 杂质半导体

在本征半导体中掺入微量的其他元素就会使半导体的导电性能发生显著变化,掺入杂质的半导体称为杂质半导体,有 N 型和 P 型两类。

在硅(或锗)的晶体(本征半导体)中掺入五价元素(如磷、砷、锑等)后,就形成了 N 型半导体;掺入三价元素(如硼、铝、铟等)后,就形成了 P 型半导体。

3. PN 结

在一块完整的硅片上,用不同的掺杂工艺使其一边形成 N 型半导体,另一边形成 P 型半导体,那么在两种半导体的交界面附近就形成了 PN 结。PN 结是构成各种半导体器件的基础。

PN 结具有单向导电性。P 区接电源正极,N 区接电源负极,称为正向偏置,形成较大的正向电流;而 P 区与 N 区反接时,称为反向偏置,此时电流很小。PN 结除了单向导电性外,还有一定的电容效应,按产生的原因不同可分为势垒电容和扩散电容两种。

4.4.2 晶体二极管

1. 晶体二极管的结构和分类

从结构上而言,二极管实际上就是 PN 结。因此,它最主要的特性就是单向导电性。图 4-7 是二极管的外形及符号。

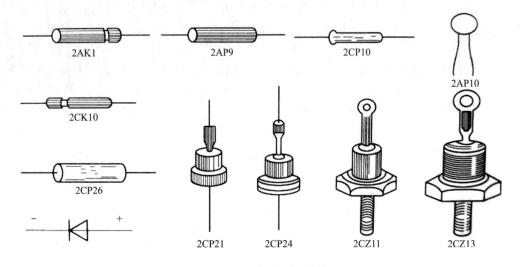

图 4-7　二极管外形及符号

二极管按所用半导体材料的不同,可分为锗二极管和硅二极管。锗二极管正向导通电阻很小,正向导通电压只需 0.2 V,硅二极管反向漏电流比锗二极管小得多,它的正向导通电压为 0.5～0.7 V。如果把二极管接到交流电源上,就能把交流电转变为直流电,这个过程称为整流;如果加的交流电压是高频电压,这个过程就称为检波。二极管在收音机中的主要用途就是检波和整流。

2. 二极管的极性判别

普通二极管出厂时,外壳印有色标来作为极性的标志,一般印有红色一端为正极,印有白色(或黑色)一端为负极。有些二极管的外壳上直接印有二极管的符号,以此来区别正负极性。

用万用表来识别极性时,把万用表拨到 $R \times 100$ 或 $R \times 1$ k 电阻挡,直接用万用表表笔来量二极管的直流电阻。测量中,表上显示阻值很小时(即指针偏转角度很大),表示二极管处于正向连接,黑表笔所接触的一端是二极管的正极(黑表笔与万用表内电池的正极相连),而红表笔所接触的一端是二极管的负极;如果表上显示的电阻很大(即指针偏转角度很小),则与红表笔相连的一端为正极,另一端为负极,如图 4-8 所示。利用万用表测小功率二极管时,一般不能用 $R \times 1$ 或 $R \times 10$ k 电阻挡。因为 $R \times 1$ 挡的电流很大,容易烧坏二极管;$R \times 10$ k 挡的电压较高,容易使二极管的 PN 结击穿。

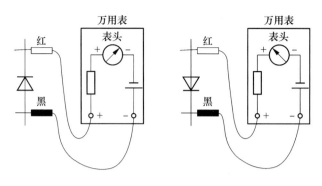

图 4-8　二极管的测量

4.4.3　晶体三极管

1. 晶体三极管的结构和分类

三极管是由两个 PN 结组成的,并且两个 PN 结按它们的结构和掺杂成分的不同,分别称为发射结和集电结。同时把一块晶体分成三个区,即发射区、基区和集电区。由三极管的三个区依次引出发射极、基极和集电极。其结构如图 4-9 所示。

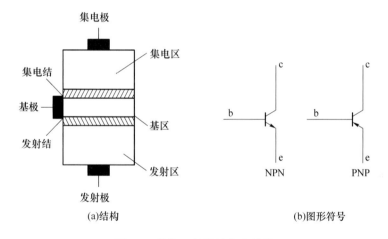

(a)结构　　　　　　　　　　(b)图形符号

图 4-9　晶体三极管结构和符号

三极管是半导体收音机中的主要器件,从基体材料上分锗管和硅管;从频率上分超高频管、高频管和低频管等;从类型上分 PNP 和 NPN 型;从制作工艺上分扩散管、合金管等;从功率上分大功率、中功率和小功率;从用途上分放大管和开关管等。

2. 晶体三极管的极性判定

三极管极性的判别比二极管的极性判别要麻烦得多。当今电子高速发展,三极管的形式也是多种多样,只靠经验已无法判别某些三极管的极性。这样,只有查手册或用仪器测量才能解决问题,决不能盲目地判定引脚极性,就安装到电路上去使用。

用万用表判别三极管的依据是:NPN 型三极管基极到集电极和基极到发射极均为 PN 结的正向,而 PNP 型三极管基极到集电极和基极到发射极均为 PN 结的反向。

(1) 判定晶体三极管的基极

如图 4-10 所示,对于功率在 1 W 以下的中小功率管,可用万用表的 $R \times 1$ k 或 $R \times 100$ 挡测量。用黑表笔接触某一引脚,红表笔分别接触另两个引脚,如表头读数都很小,则与黑表笔接触的那一引脚是基极,同时可知此三极管为 NPN 型。用红表笔接触某一引脚,而黑表笔分别接触另两个引脚,表头读数同样都很小时,则与红表笔接触的那一引脚是基极,同时可知此三极管为 PNP 型。用上述方法既判定了晶体三极管的极性,又判定了晶体三极管的类型。

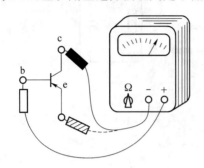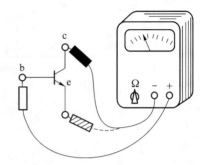

图 4-10   三极管基极的识别

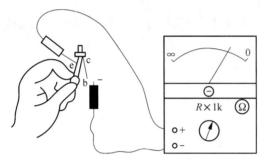

图 4-11   判定晶体三极管的发射极和集电极

（2）判定晶体三极管的发射极和集电极

如图 4-11 所示,以 PNP 型晶体三极管为例,用手将基极和待定引脚捏在一起,但引脚不要相碰,红表笔接和基极捏在一起的这一引脚,黑表笔接另一待定引脚,量出阻值,然后再将两个要判别的引脚对调,同法再测量一次。在两次测量中,阻值较小的一次,黑表笔的接引脚为发射极。NPN 型管判别方法也同上,只要用手捏住基极和黑表笔所接引脚,两次测量中,阻值小的一次黑表笔所接触的引脚为集电极,红表笔所接的引脚是发射极。

4.5 电 感 器

电感器一般又称电感线圈,在谐振、耦合、滤波等电路中应用十分普遍。与电阻器、电容器不同的是电感线圈没有品种齐全的标准产品,特别是一些高频小电感,通常需要根据电路要求自行设计制作。

4.5.1 电感线圈分类

电感线圈可按不同方式进行分类。

（1）按功能分为:振荡线圈电感、扼流圈电感、耦合线圈电感、校正线圈电感、偏转线圈电感。

（2）按是否可调分为:固定电感、可调电感、微调电感。

（3）按结构分为:空心线圈电感、磁心线圈电感、铁心线圈电感。

（4）按形状分为:线绕电感、平面电感。

4.5.2 电感器主要参数

1. 电感量及误差

在没有非线性导体物质存在的条件下,一个载流线圈的磁通与线圈中电流成正比。其比

例常数称自感系数,用 L 表示,简称电感:

$$L = \phi / I$$

电感的基本单位是亨利(H),常用的有毫亨(mH)、微亨(μH)、毫微亨(nH)。

2. 品质因数(Q 值)

电感线圈的品质因数定义为

$$Q = 2\pi f L / R$$

式中:f 为电路工作频率;L 为线圈的电感量;R 为线圈的总损耗电阻(包括直流电阻、高频电阻及介质损耗电阻)。

Q 值反映线圈损耗的大小,Q 值超高,损耗功率越小,电路效率越小,电路效率超高,选择性好。

3. 额定电流

线圈中允许通过的最大电流,主要是对高频扼流圈和大功率的谐振线圈而言。

4.5.3　线圈结构与常用磁心

通常线圈由骨架、绕组、磁心、屏蔽罩等组成。除线圈绕组外其余部分根据使用场合各不相同,图 4-12 是几种常见电感线圈的结构。

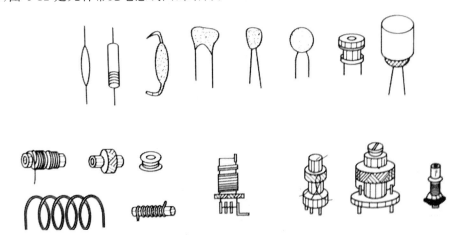

图 4-12　几种常见电感线圈的结构

4.6　变　压　器

变压器也是一种电感器。它是利用两个电感线圈的互感作用,把初级线圈上的电能传递到次级线圈上去,利用这个原理所制作的起交连、变压作用的器件称为变压器。其主要功能是变换电压、电流和阻抗,还可使电源和负载之间进行隔离等。变压器是电子产品中十分常见的元器件,它从频率上分为高频变压器、中频变压器、低频变压器,在收音机中均有使用。

4.6.1　高频变压器

高频变压器又称耦合线圈或调谐线圈,天线线圈和振荡线圈都是高频变压器。

磁性天线线圈的初级、次级导线绕在磁棒上。磁棒能聚集无线电波,使收音机的灵敏度和选择性得到提高。初级线圈和可变双联电容中的一只电容组成谐振回路,调节双联,初级线圈能够感应出需要的电台信号,通过次级线圈耦合到放大器中,初级和次级线圈匝数应视电路参数而定。磁棒的外形有圆形和扁形两种,若长度相同,横截面积也相同,则两种磁棒的效果相同。

振荡线圈也是一种高频变压器。它的外形和结构类似于中频变压器。振荡线圈整个结构装在金属屏蔽罩内,下面有金属引出脚,上面有调节孔。初级线圈和次级线圈都绕在磁心上,磁帽罩在磁心外面,磁帽上有螺纹,可在有螺纹的尼龙支架中旋上旋下,从而调节磁帽和磁心之间的间隙,改变线圈的电感。

4.6.2　中频变压器

中频变压器又称中周,它对超外差式收音机的灵敏度、选择性和音质的好坏都有很大影响。中周和适当容量的电容相配合,能从前级传送来的信号中选出某种特定频率的信号,传给下一级。选用中周时应特别注意,中周一般一套几只(两三只左右),不能与振荡线圈混淆。其次,一套之中,每只特性也不相同,在装配时不能调换位置,否则将影响收音机的质量。使用时可根据壳体上的型号或磁帽上的色标判别。焊接时温度也不宜过高,否则尼龙支架会受热变形,使磁帽不能调节。如图 4-13 所示为中频变压器常见结构。

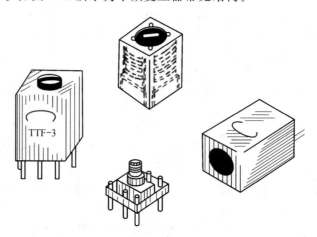

图 4-13　中频变压器常见结构

4.6.3　低频变压器

低频变压器可分为音频变压器和电源变压器,它是变换电压和作阻抗匹配的元件。收音机中常用的低频变压器有输入/输出变压器,它们的作用主要是使输入/输出阻抗相适应,只有阻抗适当的情况下,输出的音频功率才最大,而且失真最小、音质最好。

使用变压器的时候,应该根据电路中使用的电源电压、所接喇叭的阻抗、输出功率的大小,选用不同的型号。还需注意,输入变压器和输出变压器不能互换使用。用万用表 $R \times 1$ 挡测两只变压器无抽头的那一绕组,阻值小的(约 1 Ω)是输出变压器,阻值大的(几十欧姆到几百欧姆)是输入变压器。

4.7 扬 声 器

4.7.1 扬声器的种类

扬声器俗称喇叭,是用来将音频电信号转变成声音的电声器件。扬声器的种类很多,按电—声换能方式不同,分为电动式扬声器、压电式扬声器、电磁式扬声器、气动式扬声器等;按结构不同,分为号筒式扬声器、纸盆式扬声器、平板式扬声器、组合式扬声器等多种;按形状不同,分为圆形扬声器、椭圆形扬声器等;按工作频段不同,分为高音扬声器、中音扬声器、低音扬声器、全音扬声器等。常用的几种扬声器外形如图 4-14 所示。

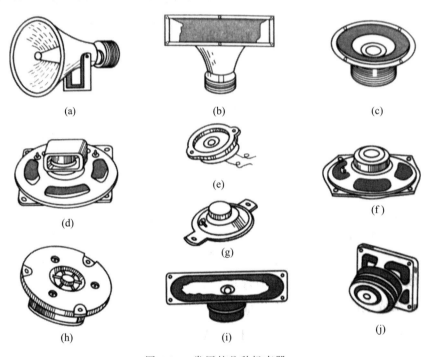

(a)　　　　　　　　(b)　　　　　　　　(c)

(d)　　　　(e)　　　　(f)

(g)

(h)　　　　(i)　　　　(j)

图 4-14　常用的几种扬声器

4.7.2 扬声器的基本原理

扬声器的基本原理如图 4-15 所示。首先,它将电信号变成相应的机械振动;然后,机械振动通过辐射器引起它的周围媒质(空气)产生波动,从而完成了电到声的转换过程。

图 4-15　扬声器的基本原理

4.7.3 扬声器的主要参数

1. 标称功率

扬声器的标称功率又称额定功率,它是指扬声器长时间连续工作时所能承受的最大输入电功率,常用 W 表示。常见的有 0.1 W、0.25 W、1 W 等。

2. 口径

扬声器的口径是指纸盆的最大外径。一般来说,口径越大,额定功率越大,它的发音低频响应好,声音丰满有力度。

3. 阻抗

阻抗即音圈阻抗,它是指扬声器在某一规定频段内对音频信号所呈现的阻抗值。常见的扬声器的音圈阻抗有 4 Ω、8 Ω、16 Ω 等。

4.8 集 成 电 路

集成电路简称 IC,是将组成电路的有源元件(晶体管、二极管)、无源元件(电阻、电容等)及其互连布线,通过半导体工艺、薄厚膜工艺或这些工艺的结合,制作在半导体或绝缘基片上,形成结构上紧密联系的具有一定功能的电路和系统。

4.8.1 集成电路的分类

集成电路的品种相当多,按结构形式和制作工艺的不同,可分为半导体集成电路、膜集成电路和混合集成电路等。半导体集成电路是采用半导体工艺技术,在基片上制作包括电阻、电容、晶体管、二极管等元器件并具有某种电路功能的集成电路;膜集成电路是在玻璃或陶瓷片等绝缘物体上,以"膜"的形式制作电阻、电容等无源器件。无源器件的数值范围可以做得很宽,精度可以做得很高。但目前的技术水平尚无法用"膜"的形式制作晶体二极管、晶体管等有源器件,因而使膜集成电路的应用范围受到很大的限制。在实际应用中,多半是在无源膜电路上外加半导体集成电路或分立元件的二极管、晶体管等有源器件,使之构成一个整体,这便是混合集成电路。根据膜的厚薄不同,膜集成电路又分为厚膜集成电路和薄膜集成电路两种。在家电维修和一般性电子制作过程中遇到的主要是半导体集成电路、厚膜电路及少量的混合集成电路。

按集成度高低不同,可分为小规模集成电路、中规模集成电路、大规模集成电路及超大规模集成电路四类。对模拟集成电路,由于工艺要求较高、电器又较复杂,所以一般认为集成 50 个以下元器件为小规模集成电路,集成 50～100 个元器件为中规模集成电路,集成 100 个以上的元器件为大规模集成电路;对数字集成电路,一般认为集成 1～10 个等效门/片或 10～100 个元件/片为小规模集成电路,集成 10～100 个等效门/片或 100～1 000 为中规模集成电路,集成 100～10 000 个等效门/片或 1 000～100 000 个元件/片为大规模集成电路,集成 10 000 个以上等效门/片或 100 000 以上个元件/片为超大规模集成电路。

按导电类型不同,分为双极型集成电路和单极型集成电路两类。前者频率特性好,但功耗较大,而且制作工艺复杂,绝大多数模拟集成电路以及数字集成电路中的 TTL、ECL、HTL、LSTTL、STTL 型属于这一类。后者工作速度低,但输入阻抗高、功耗小、制作工艺简单,易于大规模集成,其主要产品为 MOS 型集成电路。

4.8.2 集成电路的封装

集成电路的封装分为插入式、表面安装式和直接粘接式。插入式可分为引线两侧垂直引出、引线两侧平伸引出、引线底面垂直引出、引线单面垂直引出；表面安装式可分为引线侧面翼形引出、引线侧面"J"形引出、引线四面平伸引出；直接粘接式可分为倒装芯片封装、芯片板式封装、载带自动封装。具体封装如图 4-16 所示。

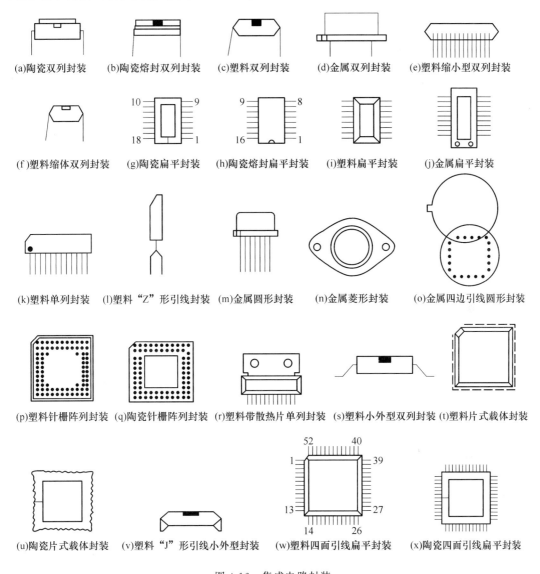

(a)陶瓷双列封装　(b)陶瓷熔封双列封装　(c)塑料双列封装　(d)金属双列封装　(e)塑料缩小型双列封装

(f)塑料缩体双列封装　(g)陶瓷扁平封装　(h)陶瓷熔封扁平封装　(i)塑料扁平封装　(j)金属扁平封装

(k)塑料单列封装　(l)塑料"Z"形引线封装　(m)金属圆形封装　(n)金属菱形封装　(o)金属四边引线圆形封装

(p)塑料针栅阵列封装　(q)陶瓷针栅阵列封装　(r)塑料带散热片单列封装　(s)塑料小外型双列封装 (t)塑料片式载体封装

(u)陶瓷片式载体封装　(v)塑料"J"形引线小外型封装　(w)塑料四面引线扁平封装　(x)陶瓷四面引线扁平封装

图 4-16　集成电路封装

4.8.3　集成电路命名与替换

　　集成电路的命名与分立器件相比则规律性较强,绝大部分国内外厂商生产的同一种集成电路,采用基本相同的数字标号,而以下不同的字头代表不同的厂商,例如 NE555、LN555、PC1555、SG555 分别是由不同国家和厂商生产的定时器电路,它们的功能、性能和封装、引脚排列也都一致,可以相互替换。

　　但是也有一些厂商按自己的标准命名,例如型号为 D7642 和 YS414 实际上是同一种微型调幅单片收音机电路,因此在选择集成电路时要以相应产品手册为准。

复习思考题

1. 电阻器在电路中通常起哪些作用？
2. 色环法是如何规定的？
3. 在超外差式收音机中常见的电容有哪几种？
4. 电子元器件规格标注方法有哪几种？
5. 电容器在电路中通常起哪些作用？
6. 二极管具有什么特性？
7. 如何用万用表判断二极管的极性？
8. 什么是整流？什么是检波？
9. 如何用万用表测量出晶体三极管的各个极？
10. 超外差式收音机中常用的变压器有哪几个？
11. 扬声器的工作原理是什么？

第5章　电子调试仪器仪表及其使用

5.1　MF47F 指针式万用表

　　MF47F 万用表外形如图 5-1 所示。它在使用前应检查指针是否指在机械零位上,如不指在零位,可旋转表盖上的调零器使指针指示在零位上。然后将红、黑表笔插头分别插入"＋""－"插孔中,若测量交直流 2 500 V 或直流 10 A 时,红表笔插头则分别插到标有"2 500 V"或"10 A"的插座中。

图 5-1　MF47F 模拟万用表

5.1.1　测量电阻

电阻的测量主要有以下几个步骤:

1. 估测

估测就是大致地测量电阻的阻值范围。

首先,将万用表选在欧姆挡的最大量程上;其次,短接调零,即红黑表笔相互短接,调整调零电位器,使表针指到欧姆挡的零位置;最后,两只表笔分别接在电阻的两个引脚上进行测量。

2. 精确测量

首先,根据估测值选择适当的量程;其次,短接调零;最后,两只表笔分别接在电阻的两个引脚上进行测量。

5.1.2　测量电压

测量电压之前,我们首先应该知道:电压分为直流电压和交流电压两种。

1. 直流电压的测量

测量直流电压时,首先应注意被测电路的极性,必须是万用表的正极接线柱接于电路的正极一端;其次应进行估测,即与测量电阻相似地估计电压范围;前两点正确做到之后,就可以根据估测值选择适当量程进行测量。

测量时,万用表的两只表笔分别跨接在所要测的电路两端,即并联接入电路,然后读出电压值即可。

2. 交流电压的测量

交流电压的测量与直流电压的测量基本相同，只是不需要判定所测电压的极性。

5.1.3 测量电流

电流和电压一样，分为直流电流和交流电流两种，我们可以用类似测电压的方法测电流，即分为两种——直流和交流方式。直流和交流在测量时基本相同，只是交流测量时不用像直流那样分正、负极。

测量时，同样遵循测量电压的步骤：先估测，然后精确测量。但是需要注意的是，测量时万用表需要串联接入电路，而不能并联。

5.1.4 使用万用表注意事项

万用表属于常规测试仪表，不仅使用人员多，而且使用次数非常频繁，稍有不慎，轻则损坏表内元器件，重则烧坏表头，甚至危及操作者的安全，造成不应有的损失。为了保护万用表及人身安全，使用中应注意下列事项：

（1）使用万用表之前，应当熟悉各转换开关、旋钮（或按键）、专用插口、测量插孔（或接线柱）以及仪表附件（高压探头等）的作用。了解每条刻度线对应的被测电量。测量前首先明确要测什么和怎样测，然后拨至相应的测量项目和量程挡。如果预先无法估计被测量的大小，应先拨到最高量程挡，再逐渐降低量程到合适的位置。每一次拿起表笔准备测量时，务必再核对一下测量种类及量程选择开关是否拨对位置。

（2）万用表在使用时一般应水平放置，否则会引起倾斜误差。若发现指针不指在机械零点处，需用螺刀调节表头下面的调整螺钉，使表针回零，消除零点误差。读数时视线应正对着表针，以免产生视差。

（3）测量完毕，应将量程选择开关拨到交流电压挡的最大挡位，防止下次开始时不慎烧表。有的万用表设有空挡，用完应将开关拨到空挡位置，使测量机构内部短路。也有的万用表设置"OFF"挡，使用完毕应将功能开关拨到"OFF"挡，将表头短路，起到防震保护的作用。

注意：有的新式万用表，只有接通电源开关才能工作，每次用完，一定要关闭电源开关，以免空耗电池。

（4）测电压时，应将万用表并联在被测电路的两端。测直流电压时要注意正、负极性。如果不知道被测电压的极性，也应先拨到高压挡进行试测，防止因表头严重过载而将表针打弯。表针反向偏转时，最容易把表针打弯。如果误用直流电压挡去测交流电压，表针就不动或稍微抖动。如果误用交流电压挡去测直流电压，多数可能偏高一倍，也可能为零，这与万用表的具体接法有关。

（5）严禁在测较高电压（如 220 V）或较大电流（如 0.5 A）时拨动量程选择开关，以免产生电弧，烧坏开关的触点。当被测电压高于 100 V 时必须注意安全。应当养成单手操作的习惯，预先把一支表笔固定在被测电路的公共地端，再拿一支表笔去碰触测试点，保持精神集中。测量高内阻电源的电压时，应尽量选择较高的电压量程，以提高电压挡的内阻。虽然这样表针的偏转角度减小了，但所得到的测量结果却更能反映真实情况。

（6）测电流时，若电源内阻和负载电阻都很小，应尽量选择较大的电流量程，以降低电流挡的内阻，减小对被测电路工作状态的影响。

（7）严禁在被测电路带电的情况下测量电阻，也不允许用电阻挡检查电池的内阻。因为这相当于接入一个外部电压，使测量结果不准确，而且极易损坏万用表，甚至危及人身安全。

（8）每次更换电阻挡时应重新调整欧姆零点。若连续使用 $R\times1$ 挡的时间较长，也应重新检查零点。尤其当该挡位使用 1.5 V 五号电池时，电池的容量有限，工作时间稍长，电动势下降，内阻会增大，使欧姆零点改变。

（9）测量线路中元件的电阻时，应考虑与之并联的电阻的影响。必要时应焊下被测元器件的一端再测。对于晶体三极管则应脱开两个电极。

（10）长期不用的万用表，应将电池取出，以免电池存放过久而变质，渗出的电解液腐蚀电路板。

5.2　DS1751S 型直流稳压电源

以 DS1751S 系列可调式直流稳压电源为例，它的二路可调输出直流稳压电源是一种稳压和稳流可自动转换的高精度直流电源。电路输出电压能从 0 V 起调，在额定范围内任意选择，且限流保护点也可任意选择。在稳流状态时，稳流输出电流能在额定范围内连续可调。在二路可调电源之间又可以任意进行串联或并联，在串联或并联的同时又可以由一路主电源进行电压或电流（并联时）跟踪。该电源还具有体积小、性能好、款式新颖等特点。其外形如图 5-2 所示。

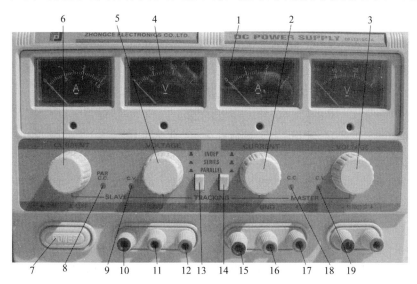

图 5-2　双路直流稳压电源面板装置

其控制件作用如表 5-1 所示。

表 5-1　直流电源面板控制件作用

序号	名　称	作　用
1	右电表	指示主路输出电压或电流值
2	主路稳流输出电流调节旋钮	调节主路输出电流值
3	主路稳压输出电压调节旋钮	调节主路输出电压值

序号	名　　称	作　　用
4	左电表	指示从路输出电压或电流值
5	从路稳压输出电压调节旋钮	调节从路输出电压值
6	从路稳流输出电流调节旋钮	调节从路输出电流值
7	电源开关	开关按下时机器处于"通"状态,反之,机器处于"关"状态
8	从路稳流状态指示灯	从路电源处于稳流工作状态此指示灯亮
9	从路稳压状态指示灯	从路电源处于稳压工作状态此指示灯亮
10	从路直流输出负接线柱	输出电压的负极,接负载负端
11	机壳接地端	机壳接大地
12	从路直流输出正接线柱	输出电压的正极,接负载正端
13	二路电源工作开关	独立、串联、并联控制开关
14	二路电源工作开关	独立、串联、并联控制开关
15	主路直流输出负接线柱	输出电压的负极,接负载负端
16	机壳接地端	机壳接大地
17	主路直流输出正接线柱	输出电压的正极,接负载正端
18	主路稳流状态指示灯	主路电源处于稳流工作状态此指示灯亮
19	主路稳压状态指示灯	主路电源处于稳压工作状态此指示灯亮

直流稳压电源在调试过程中提供直流电能,一般按以下几步进行操作:

(1)整机接入规定的交流电源 220 V。

(2)接通电源,指示灯亮。

(3)电源使用独立控制开关,旋转电压调节旋钮,得到所需电压值。

(4)接入工作负载,电流表应有指示(必须注意正、负极不能接反)。

(5)当大于或等于最大电流时,过载保护工作,输出电压、电流为零;故障排除后,重新启动电源即输出所需电压。

5.3　GRG-450B 型信号发生器

如图 5-3 所示,GRG-450B 型宽频带信号发生器具有如下特点:频率范围在 100 kHz~150 MHz,分为 6 个频段。具有一个供调幅用的音频信号,并可输出供外用。调试过程中我们主要用到 1 kHz、465 kHz、535 kHz、1605 kHz 等频率的信号,这些频率的信号就是由信号发生器产生的。

在调试中,1 kHz 的频率信号是由信号发生器的 INPUT-OUTPUT 输出的,位于频率盘的右下脚,由鳄鱼夹子作为引出端。其他的频率信号是由位于整台仪器右下脚的 OUTPUT 输出的。信号输出线由电容作为引出端。使用时,信号频率可由频率调节旋钮与波段开关配合调节。

以下介绍各控制旋钮的作用:

① 频率调节旋钮。当调到所需要的频段后,调该旋钮到所需要的工作频率。

② 电源开关。开关按下时,其右边指示灯亮,信号发生器可以开始工作。

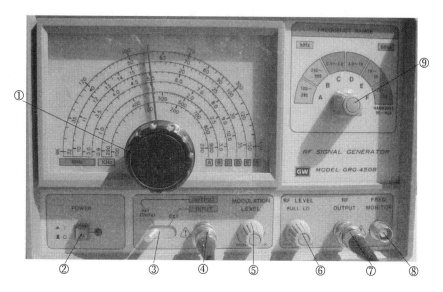

图 5-3　GRG-450B 型宽频带信号发生器

③ INT/EXT 按钮。将此开关切换到 INT 时,输出内部 1kHz 调变信号;切换到 EXT 时,接受外部信号之调变。

④ INPUT-OUTPUT(输入/输出)。配合③,为外部调变输入端或内部调变输出端。

⑤ 内部调变振幅。调变百分比的调整。

⑥ 高/低调整和微调。设定 RF 输出准位。

⑦ RF OUTPUT(射频输出)。连接输出信号。

⑧ 频率监测端。产生与主输出端相同的频率信号,以提供频率的测量。

⑨ 挡位旋钮。输出信号频率挡位的选择。

5.4　DF4328 型双踪通用示波器

5.4.1　概述

DF4328 型双踪示波器外形如图 5-4 所示,它是一种 20 MHz 双测量通道便携式通用示波器,采用矩形刻度示波管,具有测量灵敏度高、扫描速度快、触发性能好的特点。另外,还具有 X-Y 转换功能、通道频率跟踪功能以及校准信号输出。其控制件的名称和功能如表 5-2 所示。

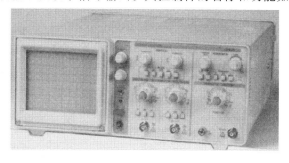

图 5-4　DF4328 型双踪示波器

表 5-2 DF4328 型双踪示波器控制件的名称和功能

控制件名称	功 能
亮度调节(INTENSITY)	轨迹亮度调节
聚焦调节(FOCUS)	调节光点的清晰度,使其既圆又小
轨迹调节(TRACE POTATION)	调节轨迹与水平刻度线平行
电源指示灯(POWER INDICATOR)	电源接通时该指示灯亮
电源开关(POWER)	按下时电源接通,弹出时关闭
校准信号(PROBE ADJUST)	提供幅度为 0.5 V、频率为 1 kHz 的方波信号,用于调整探头的补偿和检测垂直与水平电路的基本功能
垂直移位(VERTICAL POSITION)	调整轨迹在屏幕中垂直位置
垂直工作方式选择(VERTICAL MODE)	垂直通道的工作方式有以下选择: CH1 或 CH2:通道 1 或通道 2 单独显示; ALT:两个通道交替显示; CHOP:两个通道断续显示,用于在扫描速度较低时的双踪显示; ADD:用于显示两个通道的代数和(叠加显示)
X-Y 方式选择	水平方式在"TIME"时,X 轴为扫描工作状态。按下"X-Y"是 X 轴从 CH1 输入信号,此方式可观察李沙育图形
灵敏度调节(VOLTS/DIV)	CH1 和 CH2 通道灵敏度调节
灵敏度微调(VARIABLE)	用于连续微调 CH1 和 CH2 灵敏度
输入耦合方式(AC-GND-DC)	DC 时输入信号直接耦合到 CH1 或 CH2 通道; AC 时输入信号交流耦合到 CH1 或 CH2 通道; GND 时通道输入端接地
CH1 OR X;CH2 OR Y	被测信号的输入端口
水平移位(HORIZONTAL POSITION)	用于调节轨迹在屏幕中的水平位置
触发电平调节(LEVEL)	用于调节被测信号在某一电平触发扫描
触发极性(SLOPE)	用于选择信号上升或下降沿触发扫描
扫描方式选择(SWEEP MODE)	扫描方式选择: 自动(AUTO),信号频率在 20 Hz 以上常用的一种工作方式; 常态(NORM),无触发信号时,屏幕中无轨迹显示,在被测信号频率较低时选用
内触发源源选择(INT TRIGGER SOURCE)	选择 CH1 或 CH2 的信号作为扫描触发源
扫描速度选择(SEC/DIV)	用于选择扫描速度
微调、扩展调节(VARIABLE PULL×10)	用于连接调节扫描速度,在旋钮拉出时,扫描速度被扩大 10 倍
触发源选择(TRIGGER SOURCE)	用于选择产生触发的内、外源信号

续 表

控制件名称	功 能
接地(GND)	安全接地,可用于信号的连接
外触发输入(EXT INPUT)	在选择外触发方式时触发信号插座
CH1 通道频率跟踪(CH1 OUTPUT)	CH1 通道频率跟踪输出插座
电源插座	电源输入插座
电源设置	110 V 或 220 V 电源设置
熔丝座	电源熔丝座

5.4.2 操作方法

1. 电源电压的设置

此示波器具有两种电源电压设置,在接通电源前,应根据当地标准参见仪器后盖提示将开关置合适挡位,并选择合适的熔丝装入熔丝盒。

2. 面板一般功能的检查

(1)有关控制键位置如表 5-3 所示。

表 5-3 控制键位置

控制键名称	作用位置	控制键名称	作用位置
亮度调节(INTENSITY)	居中	输入耦合方式	DC
聚焦调节(FOCUS)	居中	扫描方式选择	自动
移位(三支)	居中	触发极性(SLOPE)	+
垂直工作方式选择	CH1	SEC/DIV	0.5 ms
灵敏度调节	0.1 V(X)	触发源选择	内
微调(VARIABLE)	顺时针旋足	内触发源选择	CH1

(2)接通电源,电源指示灯亮、稍等预热,屏幕中出现光迹,分别调节亮度和聚焦旋钮,使光迹的亮度适中、清晰。

(3)通过连接电缆将本机校准信号输入至 CH1 通道。

(4)调节电平旋钮使波形稳定,分别调节垂直移位和水平移位。

(5)将连接电缆换至 CH2 通道插座,垂直方式置"CH2",重复(4)操作。

5.4.3 亮度控制

调节辉度电位器,使屏幕显示的轨迹、亮度适中。一般观察不宜太亮,以避免荧光屏过早老化。高亮度的显示用于观察一些低重复频率信号的快速显示。

5.4.4　垂直系统的操作

1. 垂直方式的选择

当只需观察一路信号时,将"MODE"开关按入"CH1"或"CH2",此时被选中的通道有效,被测信号可从通道端口输入;当需要同时观察两路信号时,将"MODE"开关置于交替"ALT",该方式使两个通道的信号被得到交替的显示,交替显示的频率受扫描周期控制。当扫速在低速挡时,交替方式的显示将会出现闪烁,此时应将开关置于连续"CHOP"位置;当需要观察两路信号的代数和时,将"MODE"开关置于"ADD"位置,在选择该方式时,两个通道的衰减设置必须一致。

2. 输入耦合选择

直流(DC)耦合:适用于观察包含直流成分的被测信号,如信号的逻辑电平和静态信号的直流电平,当被测信号的频率很低时,也必须采用该方式。

交流(AC)耦合:信号中的直流成分被隔断,用于观察信号的交流成分,如观察较高直流电平中的小信号。

接地(GND):通道输入端接地(输入信号断开)用于确定输入为零时光迹所在位置。

5.4.5　水平系统的操作

扫描速度的设定:扫描范围从 0.5 μs/div 到 0.5 s/div 按 1-2-5 进位分 18 挡步进,微调"VARIABLE"提供至少 2.5 倍的连续调节,根据被测信号频率的高低,选择合适的挡级,在微调顺时针旋至校正位置时,可根据度盘指示值和波形在水平轴方向上的距离读出被测信号的时间参数,当需要观察波形的某个细节时,可拉出扩展旋钮,此时原波形在水平方向被扩展 10 倍。

5.4.6　触发控制

1. 扫描方式的选择(SWEEP MODE)

自动(AUTO):当无触发信号输入时,屏幕上显示扫描光迹,一旦有触发信号输入,电路自动转换为触发扫描状态,调节电平可使波形稳定地显示在屏幕上,此方式是观察频率在 50 Hz 以上信号的最常用的一种方式。

常态(NORM):无信号输入时,屏幕上无光迹显示,有信号输入时,触发电平调节在合适位置上,电路被触发扫描,当被测信号频率低于 50 Hz 时,必须选择该方式。

2. 触发源的选择(TRIGGER SOURCE)

触发源有四种方式选择:当垂直方式工作于交替或断续时,触发源选择某一通道,可用于两通道时间或相位的比较。在单踪显示时,选择 CH1 其触发信号来自 CH1,选择 CH2 其触发信号来自 CH2。

3. 极性的选择(SLOPE)

用于选择触发信号的上升或下降沿去触发扫描。

4. 电平的设置(LEVEL)

用于调节被测信号在某一合适的电平上起动扫描。

5.4.7 信号连接

该示波器附件中有两根衰减比为 10∶1 和 1∶1 可转换的探级,为了减少对被测电路的影响,一般使用应将探级衰减比置于 10∶1 位置,此时探头的输入阻抗为 10 MΩ/16.2 pF;衰减比置于 1∶1 时,用于观察一些微弱信号,但此时的输入阻抗已被降低为 1 MΩ,输入电容将达到 27 pF,因此在测量时,应考虑对被测电路的影响。

为了提高测量精度,探头的接地和被测电路应尽量采取最短的连接。对于一些较大信号的粗略测量,例如 5 V 逻辑电平,可将仪器前面板接地插座与被测电路的地线连接,探头的接地线可以不用,但用这种连接方式测量快速信号将会产生较大的误差。

5.5 超外差式中波调幅收音机调试仪 SMWRT-002E

超外差式中波调幅收音机调试仪是由长春工业大学教师针对初学者调试收音机常遇到的问题而自主研发的一套设备,它根据调幅收音机在调试过程中的操作特点,把稳压电源、mA 表、信号发生器集中在一台调试仪器中,使收音机的调试变得更加简单、方便、快速。其外形如图 5-5 所示。

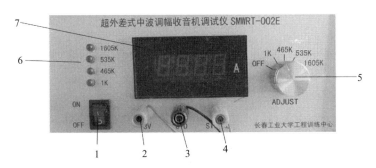

图 5-5 超外差式中波调幅收音机调试仪 SMWRT-002E

这款调试仪使用起来非常简单、直观。各控制旋钮的作用如表 5-4 所示。对超外差式收音机进行调试时,只需打开调试仪开关,旋转频率选择旋钮,使所需的频率指示灯亮起,这样就从信号输出端输出所需频率,在中间的数码显示管上,显示的是所测量的电路中的电流。

表 5-4 控制旋钮作用

1	ON(OFF)	仪器电源开关
2	+3 V	固定 3 V 电压正极输出端子
3	GND	固定 3 V 电压负极输出端子
4	SIGNAL	信号输出端子
5	ADJUST	频率选择旋钮
6	1 K\465 K\535 K\1 605 K	输出频率指示灯
7	数码显示管	电流指示,单位:A

复习思考题

1. 如何用万用表测量电阻的阻值？
2. 用万用表测量电路中的电压应该注意哪些方面？
3. 如何用万用表测量电流？
4. 如何使直流稳压电源输出 3 V 电压？
5. 如何调节信号发生器，使其输出 2 MHz 的频率信号？
6. 如何在示波器上显示出 465 kHz 的中频信号？
7. 对超外差式调幅收音机进行调试时，信号发生器使用到的频率有哪些？

第6章 电子线路设计及雕刻机制板

Protel 是基于 Windows 95/98/2000/XP 环境的新一代电路原理图辅助设计与绘制软件，其功能模块包括电路原理图设计、印制电路板设计、无网格布线器、可编程逻辑器件设计、电路图模拟/仿真等。它是集电路设计与开发环境于一体的软件。

6.1 电子线路设计步骤

设计电路板最基本的过程可以分为 4 个主要步骤。

1. 电路原理图的设计

电路原理图的设计主要是利用 Protel 99 SE 的原理图设计系统（Advanced Schematic）绘制电路原理图。

2. 生成网络表

网络表是电路原理图设计（Sch）与印制电路板设计（PCB）之间的一座桥梁。网络表可以从电路原理图中获得，也可从印制电路板中提取。

3. 印制电路板的设计

印制电路板的设计主要是针对 Protel 99 SE 的另外一个重要的部分 PCB 而言的，在这个过程中，借助 Protel 99 SE 提供的强大功能，可以实现电路板的板面设计，完成高难度的布线工作。

4. 生成印制电路板报表

设计了印制电路板后，还需要生成印制电路板的有关报表，并打印印制电路图。

电路板的设计流程：

（1）新建工程，这一步包括新建一个原理图和一个 PCB 图，在原理图库和 PCB 库中添加相关库文件。

（2）绘制原理图，在绘制原理图前，首先明确要绘制电路的布局（推荐用草纸画一个），在绘制电路图时，每新加一个元件，就将元件的标号和封装进行修改，将这样绘制完的原理图生成 PCB。

（3）绘制 PCB 封装，这一步也是为绘制原理图进行准备工作，原理图上的元件仅仅是一个元件代号，我们可以随意改变其模样，但是 PCB 封装绝非如此，PCB 的绘制就决定了电路的布线设置、板子上的焊盘大小及间距。板子就是这样按照我们设计的 PCB 图固定下来的，所谓是的封装就是我们将实物摆放在面前，用游标卡尺自己测量元件引脚之间的距离，然后和元件官方手册上注明的尺寸一一对比确定，最终在 PCB 库中找出正确的封装，添加到原理图中。

（4）错误检查及生成 PCB，绘制好原理图，元件的封装也添加完毕后，接下来就需要使用软件自动的错误检查功能核查一遍，看还有没有哪个元件没有添加封装，或是哪些元件的编号有重复，如果元件编号有重复，那么生成的 PCB 必定会有错误，在有原理图生成 PCB 时，原理图中元件编号和元件引脚与 PCB 中元件编号和元件引脚要一一对应，如果编号出现错误，那么肯定对应不上了，当确认检查没有错误后便可直接生成 PCB。

（5）摆放元件位置，这一步是将各个元件在 PCB 板中摆放好，需要考虑摆放后布线是否方便，如果有接插件，成品后接插是否方便，如果有过大电流线路，元件位置要方便走粗线，如果有发热元件，要考虑散热问题等。

（6）布线，手动或计算机自动布线。

（7）检查结果，使用软件自带检查功能合适是否有未布的线。

（8）敷铜，这一步可自行解决，敷铜通常选择一面布线空余位置，全部走地线或电源线，这样我们就可以降低系统电源变化时对板子元件的干扰，另外，比较美观。

（9）加工制板。

6.2　雕刻机制板

6.2.1　电路板制作概述

目前制作电路板通常采用物理方法和化学方法。

物理方法主要是：按照设计要求先在空白覆铜板上画好线路图，然后通过各种刀具及电动工具等，手工把不需要的铜箔挖掉。这种方法比较费力，而且精底低，只有相对简单、要求不高的线路板才能使用。物理方法由于所有过程都由手工操作，费工费时、效率低，而且由于手工控制因素，很能达到高精度的线路板。另外，整个操作必需小心翼翼，一不小心刻断了不该刻的线条，一切必须重来，存在质量隐患。

化学方法主要是：先用光绘或照相法制作出底版，底版是曝光时的掩膜，再在金属板两面热压上干膜后曝光显影，固化的干膜把需要保留的部分掩蔽，即通过在空白覆铜板上覆盖保护层，而把需要去除的部分裸露，在腐蚀性溶液里把不需要的铜蚀去，腐蚀后清洗及烘干，其中覆盖保护层的方式多种多样，主要有最传统的手描漆方法、粘贴定制的不干胶方法，胶片感光方法是近年才发展起来的热转印打印 PCB 板方法。对于制作比较复杂的线路板，采用化学腐蚀方法比较可靠，成本较低。但化学方法对于必须将整块板泡在溶液里腐蚀，腐蚀后必须清洗及烘干，线路板经过一冷一热、一干一湿，大大增加覆铜板的附着力，在实验调试过程中因需更换不同参数的电子原件引起铜箔脱落。

6.2.2　雕刻机制做电路板的方法

电子线路板雕刻机是一种小型数控钻铣床，在计算机软件的控制下，三个动作单元（分别为 X、Y、Z 轴），按程序指令做相应的动作。高速主轴电动机带动刀具切削工作，工件加工成型一步到位，机械动作严格按指令执行，操作方便、工序简单，并直接连接 PC 串口，无须 CAD 到 CAM 的转化，自动完成 CAD 文件到制作机可执行的运动代码，自动雕刻、钻孔、割边。结构上以电动机直接驱动高精丝杆,精度高、转速快、减少维护。配以极佳的自动补偿电路设计,既降低了生产生本,又提高了制作精度,比国同外同类产品有更好的性价比优势。线路图PCB设计可在 Protel 99/SE/DSP 软件中设计好所需的 PCB 图(单\双面),并在 Keepout Layer 层(禁止布线层)上设计好所需要的外形边框,最后单击"文件"菜单的"导出"选项,输入文件名后并以 PCB ASII 2.8 的格式保存。线路板雕刻机操作流程:雕刻→钻孔→割边。

线路板雕刻机操作步骤:

(1) 用双面胶将覆铜板的一面贴住,较平的一面沿着工作台板定位边紧靠贴好、压平。

(2) 打开雕刻软件,并在"设置"窗口中选择正确的串口号及机器型号,确定后方可打开需雕刻的 PCB 图,并设置好合适的刀尖与板厚,因该 PCB 图的最小线隙为"10mil"(即 0.254 mm),所以该刀尖可选择为 0.2～0.24 mm,可装上 0.18 的刀具。

(3) 打开机器总电源,在软件上单击"输出"按钮,在输出窗口上调整工作速度及在 X(左、右)、Y(前、后)偏移中将 X、Y 轴调至覆铜板的右上角。

(4) 在软件输出窗口上将 Z 轴升起来,装上钻头,按下机器面板"试雕"键,机器将在覆铜板上面走一方框(此范围正好是 PCB 图的长度与宽度),确定此方框不超过覆铜板范围,打开主轴电机启动按钮,在输出窗口上将 Z 轴降下来,注意不能插到覆铜板,改用机器面板上的旋钮将钻头慢慢降下来,直接刚好碰到覆铜板,在软件上单击"钻工艺孔"按钮,机器将按 PCB 图最大长度钻两个定位孔,钻完工艺孔成后单击显示框内规格的孔,依次钻好,主控面板同上。

(5) 确认所有孔规格的孔都钻完后,在输出窗口上将 Z 轴升起来,按下主控面板上的关闭主轴电机按钮,将钻头卸下,把覆铜板取出来,并清理背面双面胶以及杂物。

(6) 进行孔化,用细砂纸把钻好孔的板两面打磨一遍,将导电胶涂在覆铜板孔上面,配合吸尘器在另一面慢慢挪动将导电胶吸进孔内壁,然后在另一面也做同一动作,直至所有孔壁都能粘上导电胶,再稍等 2～3 分钟,待导电胶完全风干后,用细砂纸将覆铜面将导电胶擦干净。

(7) 覆铜板涂好溶胶后,取出电镀槽内铜条夹具,将待电镀的电路板夹在夹具内,并拧紧镙钉,将夹好的电路板放入电镀槽内,检查电镀液水平面是否达到覆铜板有效孔位置,如果电镀液不够浸透线路板,请再添加电镀液,直至电镀液足够浸透线路板的孔,将标有"＋"极的夹头夹在靠近操作面板的铜板上,将"－"极的夹头夹在中间位置的铜条夹具上,打开电源开关,检查电流表显示的输出电流值,调节输出电流到 3～6 A,电路板电镀 10～12 分钟后,关闭电镀槽电源。

(8) 取出刚电镀好的板用清水清洗一遍,并用细砂纸打磨一遍,将覆铜板的底面均匀贴上双面胶(即正面钻孔的面),并将线路板紧靠地工作台板平行边上并紧贴在底板平台并压平。

(9) 装上 0.18 的雕刻刀,打开主轴电机电源,单击操作软件工具栏"顶层"按钮,使线路板顶层处于操作状态。

(10) 单击操作软件工具栏"输出"按钮,在 X、Y 偏移值输入框输入适当的 X、Y 偏移值,直至刀尖对准右边定位孔。

(11) 选择合适的电机工作速度,主轴电机与底板工作平台位置和方向可分别在 X、Y 输入窗口直接输入对应的偏移量进行调整,调节雕刀的高度,使雕刀刀尖靠近线路板,检查刀尖是否对准线路板右边定位孔,如果未能对准右边定位孔,需重新输 X、Y 偏移值调整雕刀的起始工作位置,重复这一步操作,直到雕刀刀尖正好对准右边定位孔。

(12) 确保定刀尖对准定位孔以后,按制作机面板的试雕按钮,雕刀将按线路图禁止层线路走一圈,在雕刀没有接触到覆铜板前,请检查雕刀移动路径是否刚好经过两个定位孔,检验定位是否准确。

（13）定位准确以后，慢慢地旋转调节旋钮，再试雕，直到刻断整个覆铜面（注意：应使用表面平整的覆铜板）；单击"雕刻"按钮，开始顶层线路的雕刻。

（14）用上面同样方法雕刻另一面。

（15）雕刻全部完成后将 Z 轴升起来，关闭主轴电机，换上较粗的刻刀，打开主轴电机，将 Z 轴降下来，用旋钮将其调至刚好碰到覆铜板，在软件上单击"割边"按钮［注：本机以禁止布线层为线路板外形边框，我们所需的外形边框只要在该层画边框线，线宽等于刀具直径（3.15 mm）］。

（16）割边完成后，将线路板取出，用细砂纸将其打磨一次，再将工作台板清理干净，便完成一张高精度线路板的制作。

在制作电路板的过程中应注意的问题，打开雕刻机软件文件导入以后就会出现敷铜后的电路板的轮廓，就可以清楚看清电路的走线、间距，所以控制敷铜间隙很重要，最终，我们就是要设置雕刻机的参数，之后单击"确定"按钮，单击"输出"，此时，就需要打开雕刻机电源，切记此时不上钻头，等机器稳定后再上钻头，界面控制钻头在合适位置，粘上铜板，固定好，打开钻头旋转开关，注意安全，调整钻头到合适的位置，按一下试雕旋钮（它是可以按和旋转的），机器自动走位框出雕刻的大致范围，如果中途出现错误，或是钻头折掉，也不要关掉开关，让机器正常运转，直到输出完毕，换钻头，重复操作，调整距离控制在 1～10 之间，不要直接过大距离调整位置，否则容易碰坏机器。当然我们可用微调旋钮进行调整，逆时针上，顺时针下。钻孔完毕后，上升雕刻机钻头距离，方便卸下钻头，上铣刀，注意安全，完毕后，同使用钻头方法和注意事项一样，对于它与板子的距离要求要更为精确，它就是用来铣雕的浅颜色的部分，雕得过浅没刻上，调度过深线易折。这时候就要控制好板子，不要走位，板子也许会高低不平，就要在铣雕时进行微调，不要刻得太深。

6.3　印制电路板

所谓印制板，也称印制线路板或印制电路板，是指以绝缘板为基础材料加工成一定尺寸的板，在其上至少有一个导电图形及所有设计好的孔（如元件孔、机械安装孔及金属化孔等），以实现元器件之间的电气互连。

6.3.1　印制电路板分类

习惯上按印制电路的分布划分印制板。

（1）单面板：仅一面有导电图形的印制板。

（2）双面板：两面上都有导电图形的印制板。

（3）多层板：由交替的导电图形层及绝缘材料层层压合而成的一块印制板，导电图形的层数在两层以上，层间电气互连是通过金属化孔实现的。

1. 单面印制板

单面印制板一般采用酚醛纸基覆铜箔板制作，也常有采用环氧纸基或环氧玻璃布覆铜箔板的。单面板主要用于民用产品，如收音机、电视机、电子仪器仪表等。

单面板图形比较简单，一般采用丝网漏印正相图形然后蚀刻印制板，也有采用光化学生产的。在覆铜箔板下料去除抗饰印料、孔和外形加工等工序后都要进行清洗干燥,在印制阻焊涂料、印制标记符号等工序后都要进行固化和清洗干燥。

2．双面印制板

双面印制板通常采用环氧玻璃布覆铜箔板制造。双面板主要用于性能要求较高的通信电子设备、高级仪器仪表及电子计算机等。

双面板的制造工艺一般分为工艺导线法、堵孔法、掩蔽法和图形电镀—蚀刻法,应用最广泛的是图形电镀—蚀刻法。这些方法都属减成法,和目前研究的加成法相比都存在着浪费大、污染重的问题。

3．多层印制板

多层印制板一般采用环氧玻璃布覆铜箔层压板,为了提高金属化孔的可靠性,应尽是选用耐高温的、基板尺寸稳定性好的,特别是厚度方向热线膨胀系数较小的,并和铜镀层热线膨胀系数基本匹配的新型材料。

制作多层印制板,先用铜箔蚀刻法做出内层导线图形,然后根据设计要求,把几张内层导线图形重叠,放在专用的多层压机内,经过热压、粘合工序,就制成了具有内层导电图形的覆铜箔的层压板。以后的加工工序与双面孔金属化印制板的制造工序基本相同。

6.3.2　印制电路的形成

在基板上再现导电图形有两种基本方式:

1．减成法

减成法是最普遍采用的方式。即先将基板上敷满铜箔,然后用化学或机械方式除去不需要的部分。

蚀刻法:采用化学腐蚀办法减去不需要的铜箔,这是目前最主要的制造方法。

雕刻法:用机械加工方法除去不需要的铜箔,这在单件试制或业余条件下可快速制出印制板。

2．加成法

加成法是另一种制作印制板的方式:在绝缘基板上用某种方式敷设所需的印制电路图形,敷设印制电路方法有丝印电镀法、粘贴法等。

第7章　电子焊接技术

装配、焊接是电子设备制造中极为重要的环节,任何一个设计精良的电子装置,没有相应的工艺保证是难以达到其较高的技术指标的。从元器件的选择、测试,到装配成一台完整的电子设备,需要经过多道工序。在专业生产中,多采用自动化流水线。但在产品研制、设备维修,乃至一些生产厂家,目前仍广泛应用手工装配焊接方法。

了解焊接的机理,熟悉焊接工具、材料和基本原则,掌握最起码的操作技艺是跨进电子科技大厦的第一步,本章内容将指导大家迈出坚实的一步。

7.1　焊接工具与焊接材料

7.1.1　电烙铁

电烙铁是手工焊接的基本工具,是根据电流通过发热元件产生热量的原理而制成的。电烙铁是一种电热器件,通电后可产生约 260 ℃的高温,可使焊锡熔化,利用它可将电子元器件按电路图焊接成完整的产品。下面介绍几种常用的电烙铁的构造及特点。

1. 外热式电烙铁

外热式电烙铁的外形如图 7-1 所示。由烙铁头、烙铁心、外壳、手柄、电源线和插头等各部分组成。电阻丝绕在云母片绝缘的圆筒上,组成烙铁心。烙铁头装在烙铁心的里面,电阻丝通电后产生的热量传送到烙铁头上,使烙铁头温度升高,故称为外热式电烙铁。

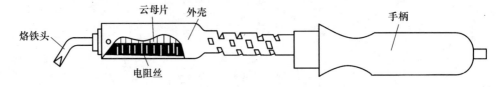

图 7-1　外热式电烙铁

外热式电烙铁结构简单,价格较低,使用寿命长,但其升温较慢,热效率低。

2. 内热式电烙铁

内热式电烙铁的外形如图 7-2 所示。由于烙铁心装在烙铁头里面,故称为内热式电烙铁。由于烙铁心在烙铁头内部,热量能够完全传到烙铁头上,升温快,因此,热效率高达 85%～90%,烙铁头温度可达 350 ℃左右。

内热式电烙铁具有体积小、重量轻、升温快和热效率高等优点。

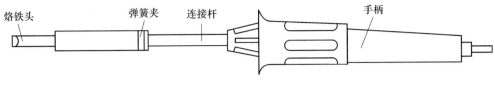

图 7-2　内热式电烙铁

3. 恒温电烙铁

目前使用的内热式电烙铁和外热式电烙铁的温度一般都超过 300 ℃,这对焊接晶体管、集成电路等是不利的。在质量要求较高的场合,通常需要恒温电烙铁。恒温电烙铁有电控和磁控两种。

电控是由热电偶作为电感元件来检测和控制电烙铁的温度。当烙铁头温度低于规定值时,温控装置内的电路控制半导体开关元件或继电器接通电源,给电烙铁供电,使其温度上升,温度一旦达到预定值,温控装置自动切断电源。如此反复动作使烙铁头基本保持恒温。

磁控恒温电烙铁是借助于软磁金属材料在达到某一温度时会失去磁性这一特点,制成磁性开关来达到控温目的。

4. 其他电烙铁

除上述几种电烙铁外,新近研制成的一种储能式烙铁,是适应集成电路,特别是对点和敏感的 MOS 电路的焊接工具。烙铁本身不接电源,当把烙铁插到配套的供电器上时,烙铁处于储能状态,焊接时拿下烙铁,靠储存在烙铁中的能量完成焊接,一次可焊若干焊点。

还有用蓄电池供电的碳弧烙铁;可同时除去焊件氧化膜的超声波烙铁;具有自动送进焊锡装置的自动烙铁。

5. 电烙铁的使用和保养

电烙铁使用有一定的技巧,若使用不当,不仅焊接速度慢,而且会形成虚焊或假焊,影响焊接质量。

(1)电烙铁使用前先用万用表测量一下插头两端是否短路或开路,正常时 20 W 内热式电烙铁阻值约为 2.4 kΩ。再测量插头与外壳是否漏电或短路,正常时阻值为无穷大。

(2)新电烙铁镀锡方法。新电烙铁的烙铁头表面镀有一层铬,不宜粘锡,使用前应先用砂纸将其去掉,接上电源当电烙铁引脚头温度逐渐升高时,将松香涂在烙铁头上,待松香冒烟时,在烙铁头上镀上一层焊锡,然后再使用。

(3)烙铁头使用长时间后会出现凹槽或豁口,应及时用锉刀修整,否则会影响焊点质量。对多次修整已较短的烙铁头,应及时调换。

(4)在使用间歇中,电烙铁应搁在金属的烙铁架上,这样既保证安全,又可适当散热,避免烙铁头"烧死"。对已"烧死"的烙铁头,应按新烙铁的要求重新上锡。

(5)在使用过程中,电烙铁应避免敲击,因为在高温时的振动,最易损坏烙铁心。

7.1.2　焊接材料

焊接材料包括焊料(俗称焊锡)和焊剂(又称助焊剂),对保证焊接质量有决定性影响。掌握焊料、焊剂的性质、成分、作用原理及选用知识是电子工艺中的重要内容。

1. 焊料

焊料是一种熔点比被焊金属低,在被焊金属不熔化的条件下能润湿被焊金属表面,并在接触界面处形成合金层的物质。焊料的种类很多,按其组成成分分为锡铅焊料、银焊料和铜焊料等。按其熔点可分为软焊料(熔点在 450 ℃以下)和硬焊料(熔点在 450 ℃以上)。在电子产品装配中,一般都选用锡铅焊料,它是一种软焊料。

为什么要用铅锡合金而不单独采用铅或锡作为焊料呢?有三点理由:

(1)熔点低便于使用

锡的熔点是 232 ℃,铅的熔点是 327 ℃,但把锡和铅作为合金,它开始熔化的温度可降到 183 ℃。当锡的含量为 61.9% 时,锡和铅有一个共晶点,此时锡铅合金开始凝固和开始液化的温度是一定的,为 183 ℃,是锡铅合金中熔点最低的一种。

(2)提高机械强度

锡和铅都是质软、强度低的金属,如果把两者熔为合金,机械强度就会得到很大的提高。一般来说,锡的含量约为 65% 时,合金的强度最大(抗拉强度约为 5.5 kg/mm²;剪切强度约为 4.0 kg/mm²),约为纯锡的两倍。抗拉强度和剪切强度高,导电性能好,电阻率低。

(3)抗腐蚀性能好

锡和铅的化学稳定性比其他金属好,抗大气腐蚀能力强,而共晶焊锡的抗腐蚀能力更好。

一个良好的连接点(焊点)必须有足够的机械强度和优良的导电性能,而且要在短时间内(通常小于 3 秒)形成。在焊点形成的短时间内,焊料和被焊金属会经历三个变化阶段:

1)熔化的焊料润湿被焊金属表面阶段;

2)熔化的焊料在被焊金属表面扩展阶段;

3)熔化的焊料渗入焊缝,在接触界面形成合金层阶段。

其中润湿是最重要的阶段,没有润湿,焊接就无法进行。在焊接过程中,同样的工艺条件,会出现有的金属好焊,有的不好焊,这往往是由于焊料对各种金属的润湿能力不同而造成的。此外,被焊金属表面若不清洁,也会影响焊料对金属的润湿能力,给焊接带来不利。

2. 助焊剂

由于电子设备的金属表面与空气接触后都会生成一层氧化膜。温度越高,氧化越厉害。这层氧化膜阻止液态焊锡对金属的浸润作用,犹如玻璃上沾油就会使水不能浸润一样。助焊剂就是用于清除氧化膜,保证焊锡浸润的一种化学剂。

(1)助焊剂的作用

1)除去氧化物。助焊剂中的氯化物、酸类物质能够溶解氧化物,发生还原反应,从而除去氧化膜,反应后的生成物变成悬浮的渣,漂浮在焊料表面。

2)防止工件和焊料加热时氧化。焊接时助焊剂先于焊锡之前熔化,在焊料和工件的表面形成一层薄膜,使之与外界空气隔绝,因而防止了焊接面的氧化。

3)降低焊料表面的张力。使用助焊剂可以减小熔化后焊料的表面张力,增加焊锡流动性,有助于焊锡浸润。

(2)助焊剂的要求

1)常温下必须稳定,熔点应低于焊料,只有这样才能发挥助焊作用。

2)在焊接过程中具有较高的活化性,表面张力、黏度、比重小于焊料。

3)残渣容易清除。助焊剂都带有酸性,而且残渣影响外观。

4)不能腐蚀母材。助焊剂酸性太强,就不仅会除氧化层,也会腐蚀金属,造成危害。

5)不产生有害气体和臭味。

3. 阻焊剂

阻焊剂是一种耐高温的涂料,可将不需要焊接的部分保护起来,致使焊接只在所需要的部位进行,以防止焊接过程中的桥连、短路等现象发生,对高密度印制电路板尤为重要,可降低返修率,节约焊料,使焊接时印制电路板受到的热冲击小,板面不易起泡和分层。我们常见到的印制电路板上的绿色涂层即为助焊剂。

阻焊剂的种类有热固化型阻焊剂、紫外线光固化型阻焊剂和电子辐射固化型阻焊剂等几种,目前常用的是紫外线光固化型阻焊剂。

7.2　焊 接 技 术

7.2.1　工业生产中的焊接技术

1. 波峰焊

波峰焊是目前应用最广泛的自动化焊接工艺,它适用于大面积、大批量印制电路板的焊接。

波峰焊接的主要工艺流程如图 7-3 所示。先把插件台送来的已装有元器件的印制电路板夹具送到接口自动控制器上,然后自动控制器将印制电路板送入涂覆助焊剂的装置内,对印制电路板喷涂助焊剂,喷涂完毕后,再送入预热器,对印制电路板进行预热,预热的温度为 60～80 ℃,然后送到波峰焊料槽里进行焊接,温度可达 240～245 ℃,并且要求锡峰高于铜铂面 1.5～2 mm,焊接时间为 3 秒左右。将焊好的印制电路板进行强风冷却,冷却后的印制电路板再送入节头进行元器件引脚的切除,切除引脚后,再送入清除器用毛刷对残脚进行清除,最后由自动卸板机装置把印制电路板送往硬件装配线。

图 7-3　波峰焊接工艺流程

2. 高频加热焊

高频加热焊是利用高频感应电流,在变压器次级回路将被焊的金属进行加热焊接的方法。

焊接的方法是:把感应线圈放在被焊件的焊接部位上,然后将垫圈形或圆环形焊料放入感应圈内,再给感应圈通以高频电流,此时焊件就会受电磁感应而被加热,当焊料达到熔点时就会熔化并扩散,待焊料全部熔化后,便可移开感应圈或焊件。

3. 脉冲加热焊

这种焊接方法是以脉冲电流的方式通过加热器在很短的时间内给焊点施加热量完成焊接的。具体的方法是:在焊接前,利用电镀及其他方法,在被焊接的位置上加上焊料,然后进行极短时间的加热,一般以一秒左右为宜,在焊料加热的同时也需加压,从而完成焊接。

脉冲焊接适用于小型集成电路的焊接。如电子手表、照相机等高密度焊点的产品,即不易使用电烙铁和焊剂的产品。

4. 其他焊接方法

除了上述几种焊接方法以外,在微电子器件组装中,超声波焊、热超声金丝球焊、机械热脉冲焊都有各自的特点。如新近发展起来的激光焊,能在几秒的时间内将焊点加热到熔化而实现焊接,热应力影响之小可以与锡焊相比,是一种很有潜力的焊接方法。

7.2.2 手工焊接

1. 焊点的质量要求

(1) 可靠的电连接

电子产品的焊接时与电路通断情况是紧密相连的。一个焊点要能稳定、可靠地通过一定的电流,没有足够的连接面积和稳定的结合层是不行的。因为锡焊连接不是靠压力,而是靠结合层达到电连接的目的,如果焊锡仅仅是对在焊件表面或只有少部分形成结合层,那么在最初的测试和工作中也许不能发现,但随着条件的改变和时间的推移,电路会产生时通时断或者干脆不工作的现象,而这时观察外表,电路依然是连接的,这是电子产品制造者必须重视的问题。

(2) 机械性能牢固

焊接不仅起电连接作用,同时也是固定元器件保证机械连接的手段。要想增加机械强度,就要有足够的连接面积,常见影响机械强度的缺陷有焊锡过少、焊点不饱满、焊接时焊料尚未凝固就使焊件振动而引起的焊点晶粒粗大(像豆腐渣状)以及裂纹、夹渣等。

(3) 光洁整齐的外观

良好的焊点要求焊料用量恰到好处,外表有金属光泽,没有拉尖、桥连等现象,并且不伤及导线绝缘层及相邻元件。良好的外表是焊接质量的反映。

(4) 必须避免虚焊

虚焊主要是由于金属表面的氧化物和污垢造成的,它使焊点呈有接触电阻的连接状态,从而使电路工作不正常,噪声增加,而且元件易于脱落。虚焊会产生不稳定的工作状态,使电路的工作状态时好时坏,没有规律性。虚焊也许在电路工作一个很长的时间后才表现出来,所以,它是电路可靠性的一大隐患,必须严格避免。

2. 保证焊接质量的因素

手工焊接是利用电烙铁加热焊料和被焊金属,实现金属间牢固连接的一项工艺过程。这项工作看起来很简单,但要保证众多焊点的均匀一致、个个可靠是十分不容易的,因为手工焊接的质量是受多种因素影响和控制的。通常应注意以下几个保证焊接质量的因素:

(1) 保持清洁

要使熔化的焊料与被焊金属受热形成合金,其接触表面必须十分清洁,这是焊接质量得到保证的首要因素和先决条件。

(2) 合适的焊料和焊剂

电子设备手工焊接通常采用共晶锡铅合金焊料,以保证焊点有良好的导电性能及足够的机械强度。目前常用的是松脂芯焊丝。

(3) 合适的电烙铁

手工焊接主要采用电烙铁,应按焊接对象选用不同功率的电烙铁,不能只用一把电烙铁完成不同形状、不同热容量焊点的焊接。

(4) 合适的焊接温度

焊接温度是指焊料和被焊金属之间形成合金层所需的温度。通常情况下焊接温度应控制在 260 ℃左右,但考虑到烙铁头在使用过程中会散热,可以把电烙铁的温度适当提高一些,控制在 300 ℃±10 ℃为宜。

（5）合适的焊接时间

由于被焊金属的种类和焊点形状的不同及焊剂特性的差异,焊接时间各不相同。通常,焊接时间不大于 3 s。

（6）被焊金属的可焊性

主要是指元器件引线、接线端子和印制电路板的可焊性。为了保证可焊性,在焊接前,要进行搪锡处理或在印制电路表面镀上一层锡铅合金。

3. 焊接操作姿势

电烙铁的基本的握法如图 7-4（a）所示,这种姿势与握笔的姿势相似,称为笔握式。图 7-4（b）是拳握式,适用于焊接大型电器设备。

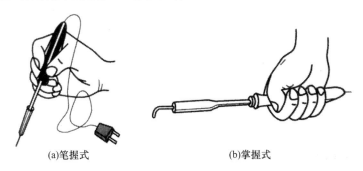

(a)笔握式　　　　　　　　(b)掌握式

图 7-4　电烙铁常用的握法

焊锡丝一般有两种拿法,如图 7-5 所示。由于焊锡丝成分中,铅占一定比例,它是对人体有害的重金属,因此操作时应戴上手套或操作后洗手,避免食入。

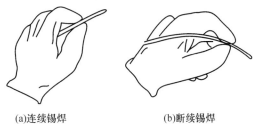

(a)连续锡焊　　　　(b)断续锡焊

图 7-5　焊锡丝的拿法

4. 手工焊接的基本步骤

下面介绍的五步操作法有普遍意义,如图 7-6 所示。

（1）准备

准备好焊锡丝和烙铁。此时特别强调的是烙铁头部要保持干净,即可以粘上焊锡。

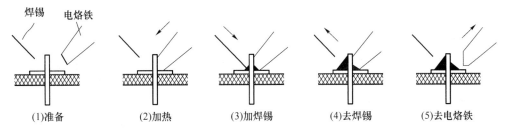

焊锡　电烙铁

(1)准备　　　(2)加热　　　(3)加焊锡　　　(4)去焊锡　　　(5)去电烙铁

图 7-6　焊接步骤

（2）加热

将烙铁接触焊接点,注意首先要保持烙铁加热焊件各部分,例如印制板上引线和焊盘都使之受热;其次要注意让烙铁头的扁平（斜口）部分（较大部分）接触热容量较大的焊件,烙铁头的侧面或边缘部分接触热容量较小的部分,以保持焊件均匀受热。

（3）加焊锡

当焊件加热到能熔化焊锡的温度后将焊丝置于焊点,焊料开始熔化并润湿焊点。

（4）去焊锡

当熔化一定量的焊锡后将焊锡移开。焊锡量为覆盖所焊接焊盘面积的80%左右。

（5）去电烙铁

当焊锡完全润湿焊点后移开烙铁,注意移开烙铁的方向应该是大致在45°的方向。

5. 手工焊接中注意的问题

（1）虚焊

虚焊表现为:焊接点上的焊锡堆得太多,表面比较光洁,但实际被焊物与焊锡并没能熔合在一起。

产生虚焊的原因主要有以下几个方面:

1）被焊物的焊接点未处理干净,可焊性较差;

2）电烙铁表面有氧化层;

3）电烙铁头的温度过高或过低,温度过高会使焊锡熔化过快过多而不容易上锡,温度过低会使焊锡未充分熔化而成豆腐渣状;

4）焊接点加热温度不均匀,上面焊锡以熔化,下面未熔化;

5）印制电路板上铜箔焊盘表面有氧化层未处理干净,或粘上了阻焊剂等,使焊盘的可焊性差。

（2）冷焊

冷焊表现为:焊接点呈豆腐渣状,对内部结构松散,有裂缝。

产生原因:

1）在冷却过程中,被焊物发生移动;

2）烙铁头温度不够;

3）电烙铁的功率太小,而焊接点散热又快。

6. 焊点缺陷的处理方法

焊接时最常见的缺陷是虚焊、假焊和连焊等,不同的缺陷处理方法也不一样。

（1）虚焊和假焊的处理

虚焊和假焊的处理方法基本相同。

元器件引脚明显与焊锡脱离,使元器件松动的故障现象无一定规律,故障出现时经过敲击震动后故障会再现或消失,一般可以对元器件拨动或敲击,使故障再现或消失,就可发现问题所在,找到虚焊或假焊点后,补焊牢固即可。

元器件出现虚焊,但元器件并没有明显的松动,焊点表面也无异常。此类虚焊通常可采用信号跟踪法与电压检测法配合来查找虚焊点,也可采用补焊法来消除故障。也就是对怀疑有虚焊点的部位补焊一遍,故障也可排除。

（2）可焊性差缺陷的处理

焊盘和元器件引线可焊性差产生的缺陷,主要是引线或焊盘氧化润湿不良造成的,应分别采用打磨和浸锡处理,恢复其可焊性。

（3）连焊的处理

焊接焊点排列细密的印制电路板时,常因锡量过多或焊盘间距太小等,出现焊锡将邻近焊盘或铜箔条粘连的情况,可以用电烙铁熔化连焊点,待焊锡熔化以后,及时移走烙铁,使之自然流开分离。

7.2.3　拆焊技术

在电子产品的研究、生产和维修过程中,有很多时候需要将已经焊好的元器件无损伤地拆下来,锡焊元器件的无损拆卸(拆焊)也是焊接技术的一个重要组成部分。

在实际操作中拆焊比焊接难度高,如果拆焊不得法,很容易将元器件损坏或损坏印制电路板的焊盘,对于只有两三个引脚,并且引脚位点比较分开的元器件,可采用吸锡法逐点脱焊。对于引脚较多,引脚位点较集中的元器件(如集成块等),一般采用堆锡法脱焊。例如,拆卸双列直插封装的集成块,可用一段多股芯线置于集成块一列引脚上,用焊锡堆积此列引脚,焊锡全部熔化时即可将引脚拔出。不论采用何种拆焊法,必须确保拆下来的元器件安然无恙,元器件拆走后的印制电路板完好无损。

1. 拆焊的原则

拆焊的步骤一般与焊接的步骤相反,拆焊前一定要弄清楚原焊接点的特点,不要轻易动手。

(1) 不损坏拆除的元器件、导线、原焊接部位的结构件。

(2) 拆焊时不可损坏印制电路板上的焊盘与印制导线。

(3) 对已判断为损坏的元器件,可先将引线剪断后再拆除,这样可减少其他的损伤。

(4) 在拆焊过程中,应尽量避免拆动其他元器件或变动其他元器件的位置,如确实需要,应做好复原工作。

2. 拆焊工具

常用的拆焊工具除了普通电烙铁外,还有以下几种:

(1) 镊子。以端头较尖、硬度较高的不锈钢为佳,用以夹持元器件或借助电烙铁恢复焊孔。

(2) 吸锡器。用以吸去熔化的焊锡,使焊盘与元器件引线或导线分离。

(3) 吸锡绳。用于吸取焊接点上的焊锡,也可用镀锡的编织套浸以助焊剂代用,效果也较好。

(4) 吸锡电烙铁。它是一种专用拆焊电烙铁,在对焊接点加热的同时把焊盘上的锡吸入内腔,逐步将焊接点上的焊锡吸干净,从而完成拆焊。

3. 拆焊的操作要点

(1) 严格控制加热的温度和时间。因拆焊的加热时间和温度较焊接时要长、要高,所以要严格控制温度和加热时间,以免将元器件烫坏或使焊盘翘起、断裂。宜采用间隔加热法来进行拆焊。

(2) 拆焊时不要用力过猛。在高温状态下,元器件封装的强度都会下降,尤其是塑封器件、陶瓷器件、玻璃端子等,过分地用力拉、摇、扭都会损坏元器件和焊盘。

(3) 吸去拆焊点上的焊料。拆焊前,用电烙铁加热拆焊点,吸锡器吸去焊料,即使还有少量锡连接,也可以减少拆焊的时间,减少元器件及印制电路板损坏的可能性。

(4) 对需要保留元器件引线和导线端头的拆焊,要求比较严格,也比较麻烦。可用吸锡器先吸去被拆焊接点外面的焊锡,再在电烙铁加热下,用镊子夹住线头逆绕退出,再调直待用。

4. 吸锡器拆焊法

这种方法是利用吸锡器的内置空腔的负压作用,将加热后熔化的焊锡吸入空腔,使引线与焊盘分离。吸锡器拆焊操作步骤如图7-7所示。

(a)吸锡前按下滑杆　　　(b)吸筒尽量垂直　　　(c)吸锡时按下按钮

图 7-7　吸锡器拆焊操作

5. 拆焊后的重新焊接

拆焊后一般都要重新焊上元器件或导线,操作时应注意以下几个问题。

(1)重新焊接的元器件引线和导线的剪裁长度,离印制电路板的高度、弯曲形状和方向,都应和原来尽量保持一致,使电路的分布参数不致发生大的变化,以免使电路的性能受到影响。

(2)印制电路板拆焊后,如果焊盘孔被堵塞,应先用镊子或锥子尖端在加热下,从铜箔面将孔穿透,再插进元器件引线或导线进行重焊。不能靠元器件引线从基板面捅穿孔,这样很容易使焊盘铜箔与基板分离,甚至使铜箔断裂。

(3)拆焊点重新焊好元器件或导线后,应将因拆焊需要而弯折、移动过的元器件恢复原状。一个熟练的维修人员拆焊过的维修点一般是不容易看出来的。

复习思考题

1. 如何给新电烙铁镀锡?
2. 电烙铁常用的握法有哪些?
3. 助焊剂有哪些作用?
4. 手工焊接时对焊点有哪些要求?
5. 手工焊接分哪几步?
6. 怎样处理有缺陷的焊点?

第8章 电子产品装配工艺

电子设备组装的目的就是以合理的结构安排,最简化的工艺实现整机的技术指标,快速有效地制造出稳定可靠的产品。

8.1 电子设备组装

8.1.1 电子设备组装内容和方法

1. 组装内容和组装级别

电子设备的组装是将各种电子元器件、机电元件和结构件,按照设计要求,装接在规定的位置上,组成具有一定功能的完整的电子产品的过程。

组装内容主要有:单元的划分;元器件的布局;各种元件、部件、结构件的安装;整机联装等。在组装过程中,根据组装单位的大小、尺寸、复杂程度和特点的不同,将电子设备的组装分成不同的等级,称之为电子设备的组装级。组装级分为:

第一级组装,一般称为元件级,是最低的组装级别,其特点是结构不可分割。通常指通用电路元件、分立元件及其按需要构成的组件、集成电路组件等。

第二级组装,一般称为插件级,用于组装和互连第一级元器件。例如,装有元器件的印制电路板或插件等。

第三级组装,一般称为底板级或插箱级,用于安装和互连第二级组装的插件或印制电路板部件。

第四级组装及更高级别的组装,一般称为箱级、柜级及系统级。主要通过电缆及连接器互连第二、三级组装,并以电源反馈线构成独立的有一定功能的仪器或设备。对于系统级,可能设备不在同一地点,则须用传输线或其他方式连接。

2. 组装特点及方法

(1)组装特点

电子设备的组装,在电气上是以印制电路板为支撑主体的电子元器件的电路连接,在结构上是以组成产品的钣金硬件和模型壳体,通过紧固零件或其他方法,由内到外按一定的顺序安装。电子产品属于技术密集型产品,组装电子产品的主要特点是:

1)组装工作是由多种基本技术构成的,如元器件的筛选与引线成形技术,线材加工处理技术、焊接技术、安装技术、质量检验技术等。

2）装配操作质量,在很多情况下,都难以进行定量分析。如焊接质量的好坏,通常以目测判断,刻度盘、旋钮等的装配质量多以手感鉴定等。因此,掌握正确的安装操作方法是十分必要的,切勿养成随心所欲的操作习惯。

3）进行装配工作的人员必须进行训练和挑选,经考核合格后持证上岗,否则,由于知识缺乏和技术水平不高,就可能生产出次品;而一旦生产出次品,就不可能百分之百地被检查出来,产品质量就没有保证。

（2）组装方法

组装工序在生产过程中要占去大量时间。装配时对于给定的生产条件,必须研究几种可能的方案,并选取其中最佳方案。目前,电子设备的组装方法,从组装原理上可以分为功能法、组件法和功能组件法三种。

1）功能法是将电子设备的一部分放在一个完整的结构部件内。该部件能完成变换或形成信号的局部任务,从而得到在功能上和结构上都已完整的部件,便于生产和维护。按照用一个部件或一个组件来完成设备的一组既定功能的规模,分别称这种方法为部件功能法或组件功能法。不同的功能部件(接收机、发射机、存储器、译码器、显示器)有不同的结构外形、体积、安装尺寸和连接尺寸,很难做出统一的规定,这种方法将降低整个设备的组装密度。此方法广泛用在采用电真空器件的设备上,也适用于以分立元件为主的产品或终端功能部件上。

2）组件法就是制造出一些外形尺寸和安装尺寸上都统一的部件,这时部件的功能完整性退居到次要地位。这种方法广泛应用于电气安装工作中并可大大提高安装密度。根据实际需要组件法又可分为平面组件法和分层组件法,大多用于组装以集成器件为主的设备。

3）功能组件法兼顾了功能法和组件法的特点,用以制造出既保证功能完整性又有规范化的结构尺寸的组件。随着微型电路的发展,导致组装密度进一步增大,以及可能有更大的结构余量和功能余量。因此,对微型电路进行结构设计时,要同时遵从功能原理和组件原理的原则。

8.1.2 整机装配工艺过程

整机装配的工序因设备的种类、规模不同,其构成也有所不同,但基本功能并没有什么变化,据此就可以制定出制造电子设备最有效的工序来。一般整机装配工艺过程如图8-1所示。由于产品的复杂程度、设备场

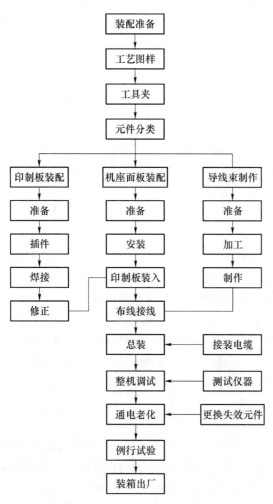

图 8-1 整机装配的工艺过程

地条件、生产数量、技术力量及工人操作技术水平等情况的不同,生产的组织形式和工序也要根据实际情况有所变化。

8.1.3　电子元器件的布局

电子设备的组装过程就是按照工艺图纸把所有的元器件连接起来的过程。一般电子设备都有上千个元器件,这些元器件在安装时如何布置,放在什么位置,它们之间有什么关系等,都是布局所需解决的问题。电子设备中元器件的布局是否合理,将直接影响组装工艺和设备的技术性能。

电子设备中元器件布局应遵循下列原则:

(1)应保证电路性能指标的实现。电路性能一般是指电路的频率特性、波形参数、电路增益和工作稳定性等有关指标,具体指标随电路的不同而异。例如,对于高频电路,在元器件布局时,解决的主要问题是减小分布参数的影响。布局不当,将会使分布电容、接线电感、接地电阻等的分布参数增大,直接改变高频电路的参数,从而影响电路基本指标的实现。

不论什么电路,使用的元器件,特别是半导体元器件,对温度非常敏感,元器件布局应采取有利于机内的散热和防热的措施,以保证电路性能指标不受或减少温度的影响。此外,元器件的布局应使电磁场的影响减小到最低限度,采取措施避免电路之间形成干扰,以及防止外来的干扰,以保证电路正常稳定地工作。

(2)应有利于布线。元器件布设的位置,直接决定着连线长度和敷设路径,布线长度和走线方向不合理会增加分布参数和产生寄生耦合,而且不合理的走线还会给装接工艺带来麻烦。

(3)应满足结构工艺的要求。电子设备的组装不论是整机还是分机都要求结构紧凑、外观性好、重量平衡、防振等,因此元器件布局时要考虑重量大的元器件及部件的位置应分布合理,使整机重心降低,机内重量分布均衡。

元器件布局时,应考虑排列的美观性。尽管导线纵横交叉,长短不一,但外观要力求平直、整齐、对称,使电路层次分明。信号的进出、电源的供给、主要元器件和回路的安排顺序要妥当,使众多的元器件排列繁而不乱,杂而有章。

(4)应有利于设备的装配、调试和维修。现代电子设备由于功能齐全、结构复杂,往往将整机分为若干功能单元,每个单元在安装、调试方面都是独立的,因此元器件的布局要有利于生产时装调的方便和使用维修时的方便,如便于调整、观察、更换元器件等。

8.2　电子产品调试工艺

电子产品的调试指的是整机调试,整机调试是在整机装配以后进行的。电子产品的质量固然与元器件的选择、印制电路板的设计制作、装配焊接工艺密切相关,也与整机调试分不开。在这一阶段不但要实现电路达到设计时预想的性能指标,对整机在前期加工工艺中存在的缺陷,也尽可能进行修改和补救。

8.2.1　整机调试的方法和步骤

整机的调试包括调整和测试两个发面。即用测试仪器仪表调整电路的参数,使之符合预定的性能指标要求,并对整机的各项性能指标进行系统的测试。

整机的调试通常分为静态调试和动态调试两种方式。调试流程图如图 8-2 所示。

图 8-2　电子装置调试和流程

1. 静态调试

所谓静态调试,即是在电路未加输入信号的直流工作状态下测试和调整其静态工作点和静态技术指标。

(1) 对于模拟电路主要应调整各级的静态工作点。

(2) 对于数字电路主要是调整各输入、输出端的电平和各单元电路间的逻辑关系。然后将测出电路各点的电压、电流与设计值相比较,如两者相差较大,则先调节各有关可调零部件,如还不能纠正,则要从以下方面分析原因。

1) 电源电压是否正确。

2) 电路安装有无错误。

3) 元器件型号是否选对,本身质量是否有问题。

一般来说,在正确安装的前提下,交流放大电路比较容易成功。因为交流电路的各级之间以隔直流电容器互相隔离,在调整静态工作点时互不影响。

对于直流放大电路来说,由于各级电路直流相连,各点的电流电压互相牵制。有时调整一个晶体管的静态工作点,会使各级的电压值、电流值都会发生变化。所以在调整电路时要有耐心,一般要反复多次进行调整才能成功。

2. 动态调试

动态测试与调整是保证电路各项参数、性能、指标的重要步骤。其测试与调整的项目内容包括动态工作电压、波形的形状及其幅值和频率、动态输出功率、相位关系、频带、放大倍数、动态范围等。

调整电子电路的交流参数最好有信号发生器和示波器。对于数字电路来说,由于多数采用集成电路,调试的工作量要少一些。只要元器件选择符合要求,直流工作状态正常后,逻辑关系通常不会有太大的问题。

动态调试,就是在整机的输入端加上信号,例如收音机在其输入端送入高频信号或直接接收电台的信号,来对其进行中频频率的调整,频率覆盖范围和灵敏度的调整,使其满足设计的要求。

8.3　超外差式收音机

8.3.1　超外差式收音机工作原理

超外差式收音机组成原理如图 8-3 所示,它由变频级、中频放大级、检波级、低频放大级和功率放大级组成。

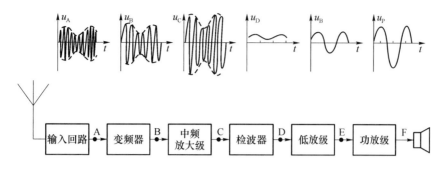

图 8-3　超外差式收音机的原理

天线接收到的高频调幅信号,经过调谐输入回路的选择,在图 8-3 中 A 点形成一个具有某一载频的调幅信号。此调幅信号进入变频级后,和变频级中的本机振荡信号进行混频,变成一个较低的、介于低频和高频之间的固定频率——465 kHz,称为中频。由图 8-3 可见,外来的高频调幅信号经过变频级后,只是换了载频,加在它上面的音频信号并没有改变,即包络线不变,并调制在新的中频上面,变成了新的中频调幅信号,这个信号(如图 8-3 中 B 点处信号)由中频放大器进行放大(信号如图 8-3 中 C 点处信号)。对于中频信号人耳是听不到的,放大后的中频调幅信号经过检波,才能得到音频信号,如图 8-3 中 D 点处的波形所示。检波得到的音频信号再送到电压放大级和功率放大级进行放大处理,最终推动扬声器发出声音。

8.3.2　超外差式收音机各级工作过程

超外差式收音机各级在工作中都起到不可替代的作用,尤其以变频级、中频放大级、检波级和功率放大级,它们是相当重要的。

以七晶体管收音机 HX108-2 为例,其工作原理图如图 8-4 所示。从原理图上看,以 V1 为核心构成变频级,其中 B2 为振荡线圈,是本机振荡器反馈网络与选频网络,B3、B4、B5 为 465 kHz 带通滤波器(中心频率 465 kHz,带宽很窄),它仅传输 465 kHz 的窄频带,V2、V3 为中频放大管,V4 构成检波放大级,V5 构成电压放大级,V6、V7、B6、B7 共同构成推挽功率放大级。

8.3.3　调谐输入回路

调谐输入电路的任务是有选择地收集从广播电台传来的高频信号,并把它传送到变频级去。它对提高收音机的灵敏度、选择性,降低噪声和干扰等都有重要意义。从谐振电路的工作特点可知,串联谐振电路是允许谐振频率及其附近频率信号通过电路的,而大大削弱远离谐振频率的信号,从而达到选频的目的,也就实现了初步选台效果,这个被初步选择来的信号传入变频级作进一步处理,并经收音机其他电路,最终可得到清晰稳定的电台广播信号。

8.3.4　外来信号"加工厂"——变频级

超外差式收音机首先就应把选入的高频调幅信号进行一次加工使之变为固定的中频调幅信号,然后再进行放大。完成这项加工任务的"加工厂"就被称为变频级。

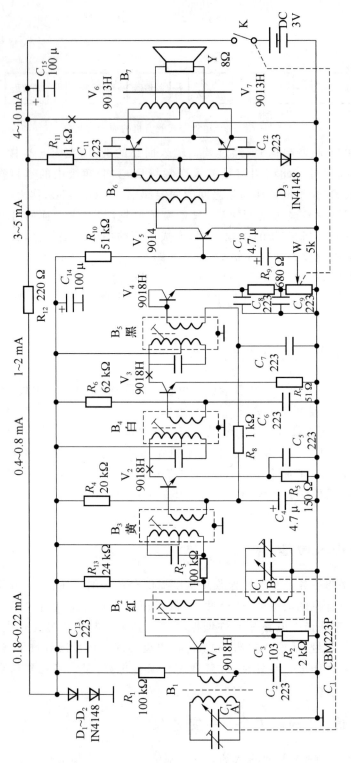

图 8-4 HX108-2 七晶体管收音机工作原理

我们知道,两种不同的颜色在调色盘里混合,便可以产生新的颜色。同样将两种不同频率的信号,同时输入晶体管里混合也可以产生新的频率信号,不过这一过程比较复杂,产生的是多种频率信号。在变频级这个"加工厂"中,我们是把外来的高频调幅信号 $f_{外}$,与收音机本身产生的一个高频等幅信号 $f_{本}$,同时输入晶体管里混合,从而在输入端得到许多新的频率信号,这些新的信号中有一种差频信号 $f_{本} - f_{外}$,恰好就是我们所需要的中频调幅信号。最后,只要把这个中频调幅信号选出来,就达到了高频调幅信号 $f_{外}$ 加工成中频调幅信号的目的。由此可见,变频级这个"加工厂"主要有三个任务:一是能产生高频等幅信号 $f_{本}$,又称本机振荡信号;二是将 $f_{外}$ 与 $f_{本}$ 相混合,又称混频;三是从混频后输出的信号中,选出中频调幅信号 $f_{本} - f_{外}$,这叫选频。

1. 本机振荡器

所谓本机振荡器,就是一种能够自己产生振荡信号的装置。由一个线圈 L 和一个电容 C 组成回路,只要给它一点电能,电流就可以在 L 和 C 之间流动,即有振荡信号产生,这就是电振荡现象。但 LC 回路得不到电能补充,这种振荡就会慢慢减小,以至停止。然而,如果能不断地供给 LC 回路能量,以补充振荡过程中的能量损耗,则电振荡也就能持续下去。

2. 混频和变频

混频的任务就是将本机振荡器所产生的 $f_{本}$ 与输入回路选入的 $f_{外}$ 两个信号在晶体管内混合,从而得到包括差频信号 $f_{本} - f_{外}$ 在内的许多新信号。这个担任混频的晶体管可以与上述本机振荡器的晶体管分开来进行工作,也可以合用一个。

3. 具有选频作用的中频变压器

$f_{本}$ 与 $f_{外}$ 混频后,在集电极输出包括中频调幅信号($f_{本} - f_{外} = 465$ kHz)在内的许多新的信号,为排除其他信号的干扰,就必须对集电极输出的各种频率的信号进行一次选频,从中选出中频调幅信号,而把其他信号去掉。在变频电路中,这种选择频率的工作是由中频变压器来完成的。

4. 变频级典型电路

如图 8-5 所示为变频级典型电路,又可称为自激式变频器。其中的晶体管除完成混频外,本身还构成一个自激振荡器。信号加至晶体管的基极,振荡电压注入晶体管的发射极,在输出调谐回路上得到中频电压。在晶体管的发射极和基极之间接调谐回路(谐振于本振频率 $f_{本}$),集电极和发射极间通过变压器 B_3 的正反馈作用完成耦合,所以适当地选择 B_3 的圈数比和连

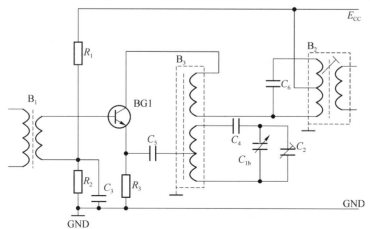

图 8-5　变频级典型电路

接的极性,能够产生并维持振荡。电阻 R_1、R_2 和 R_3 组成变频级的偏置电路。C_5 为耦合电容。振荡回路除 B_3 的次级和主调电容 C_{1b} 外,还有串联电容 C_4 和并联电容 C_2 共同组成调谐回路,以达到统一调谐的目的。

从原理图中我们看到,输入调谐回路的可变电容 C_{1a} 与本机振荡回路可变电容 C_{1b} 采取同轴调谐,即采取双联可变电容。这样是为了使本机振荡产生的高频等幅信号 $f_本$ 总是比选入的外来高频调幅信号 $f_外$ 高出一个固定的中频值,即 $f_本-f_外=465\,\text{kHz}$,这就是"超外差"名称的由来。

8.3.5 超外差式收音机的"心脏"——中频放大器

在晶体管超外差式收音机中,中频放大器是相当重要的一级。它对于收音机的灵敏度、选择性、保真度的好坏,都起着决定性的作用,所以被称为超外差式收音机的"心脏"。

1. 中频放大器的特点

(1) 工作在中频频率,它的任务是把中频信号加以放大。

(2) 中频放大器与变频级之间是用中频变压器耦合的,它本身又以第二个中频变压器为负载,输出信号到下一级。所以,只要我们把两个中频变压器的初次级线圈匝数比选择好,就能保证与上级及下级之间阻抗匹配良好,把放大后的中频信号尽可能地输送到下一级去。

(3) 由于两个中频变压器的调谐回路都是调在对中频的谐振点上,这样就能很好地选择中频信号加以放大,而抑制其他干扰信号。

2. 中频放大器电路

如图 8-6 所示为共射极变压器耦合放大电路。R_1、R_2、R_3 构成中频放大管 BG 的偏置电路;C_2、C_3 是交流旁路电容,为中频信号提供交流通路,一般容量为 $100\sim510\,\text{pF}$;中频变压器 B_1 与电容 C_1 组成输入端的选频网络,中频变压器 B_2 与电容 C_4 组成输出端的选频网络。C_0 是为消除自激振荡而加入的中和电容(可以不用)。

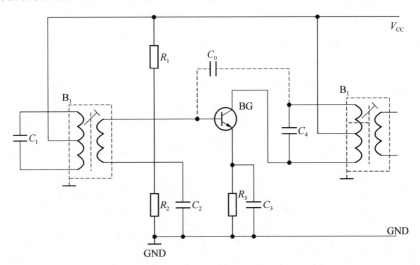

图 8-6 中频放大器的电路

在中放电路中,中频变压器是决定中放性能的关键。它具有两个重要作用:第一,选频作用,保证整机的选择性;第二,耦合作用,起重要的阻抗变换作用,保证中放的增益。

8.3.6　检波器和自动增益控制(AGC)(晶体管检波)电路

中频放大器的输出信号是载波频率为 465 kHz 的调幅波,不能被人耳听到,必须经过检波,从中频调幅信号中解调出音频信号,并经低频放大,才能听到。我们知道,从调幅高频信号中解出调制信号的过程称为检波,也称解调。完成检波作用的装置称为检波器,它是收音机的必备装置。

晶体管和二极管具有检波的功能,是超外差式收音机常用的检波元件。二极管检波器具有失真小、便于加自动增益控制(AGC)电路等优点。我们采用晶体管检波,利用其检波的同时进行放大。

1. 晶体管检波器

所谓射极检波器,就是用晶体管按射极输出方式工作的检波器。实际检波过程由晶体管的 ed 结完成,电路兼有二极管检波和射极输出器的一些特点。

射极检波器的原理电路如图 8-7 所示。检波管 BG 的集电极被较大的电容所旁路,所以 BG 为共集电极工作方式。经末级中周耦合过来的中频信号加到 BG 的 eb 结上,因此在射极电阻 R_e 上得到的是正极性音频信号,残留的中频和其谐波成分由 C_e 旁路。图中 R_b 用来给 BG 提供较低的偏压,使 BG 工作在微导通的状态下,这对提高检波灵敏度,减少失真是有好处的。因为 BG 按射极输出器方式工作,所以从 R_e 上得到的是被放大了的音频信号。这时,与二极管检波电路相比是不一样的。二极管检波电路有十几个分贝的功率损失,而射极检波器却有电流增益,所以功率损失相对要小些。实际上,很多收音机采用一级中放和射极检波器,也可达到与两级中放和二极管检波的收音机基本相同的指标。

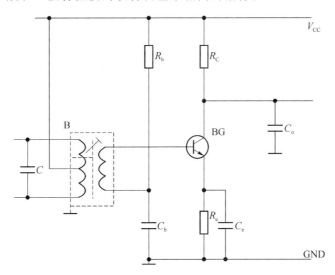

图 8-7　三极管检波电路

2. 关于 AGC 电路

收音机在接收远地和附近电台广播时,输入信号强弱相差很大,造成收本地电台时特别响,而收远地电台时极弱。另外,由于无线电波在传播中,会受到大气中电离层变化的影响,造成收音机收听同一电台时,声音也忽强忽弱;收听远地电台时,这种情况更加严重。因此,一般收音机中都加有自动增益控制电路,以改善上述情况。

8.3.7 电压放大级

一般超外差式收音机都有电压放大级(低频放大级),其作用是把从检波级送来的微弱低频信号进行一定量的放大。因此,要求低放电路有足够的放大倍数,且失真要小,保证音质良好。

8.3.8 功率放大级

1. 功率放大级

在多管收音机中,末级负载(喇叭)需要的功率都比较大。因此,为了使喇叭能正常工作,就要求最后一级放大器有较大的功率输出,我们把这一级放大器称为功率放大级。

功率放大器的输入信号,经过前面多级放大器的放大,已经变得较大,这就使功率放大器处于大信号工作状态,充分利用功率管的动态范围,以求最大输出功率,尽量减少失真。在额定负载下的最大不失真功率基本上决定了整机的额定输出功率、效率。它的效率低,不仅标志着电能浪费大,而且由于浪费的电能的绝大部分都消耗在功放管上,既加重了功放管的负担,又造成机内升温。因此,为提高效率,功放级一般都用互补放大器、准互补放大器或乙类推挽放大器中的一种。

2. 乙类推挽放大器原理

乙类推挽功率放大器的典型电路如图 8-8 所示,电路主要由两个特性相同的晶体管组成。偏置电路使两管产生很小的静态偏流,以免产生交流失真。当 $U_i = 0$ 时,两管均处于基本截止状态,无输出。当有信号时,两管基极得到大小相等、极性相反的信号,以实现两管交替工作。

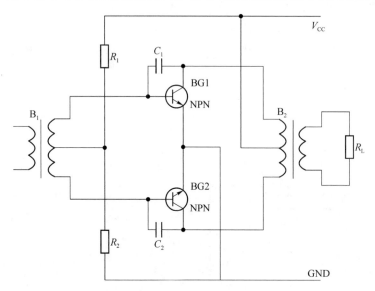

图 8-8 乙类推挽功率放大器电路

采用上述推挽放大的方法,一支管子只需承担信号半个周期的放大任务。这样,两支管子合起来,就可以使输出功率大大增加。另外,采用推挽放大时,两支管子在无信号时消耗电能很少;有信号时,才消耗电能较多,这样就节省了电池,提高了效率。如果两支管子在轮流工作过程中,相互"交接班"时衔接得好,两个半波合在一起就不会变形,这就要求两支管子的特性相近(β 值基本相等),变压器 B_1 的中心抽头对称。

8.3.9　超外差式调幅收音机的调试

对超外差式调幅收音机进行调整时,通常使用的仪器有:信号发生器、直流稳压电源、示波器和毫伏表(或毫安表)等。

为使所组装的收音机的各项性能参数满足原设计的要求,并有良好的可行性,在整机装配好之后要进行整机调整。要想调好收音机的各种部件,必须懂得收音机的电路原理,并了解它的性能指标要求。以 HX108-2 七管半导体收音机为例,调试过程如下。

1. 低频调试的过程

当超外差式收音机低频安装完成后就要进行低频调试,这样便于检查。低频调试分以下几步进行:

(1) 给收音机接上电源(电源输出电压为 3 V)。

(2) 把电位器音量开到最大。使用信号发生器的低频输出线点住电压放大器(V_5)的基极,也就是把低频信号注入了电压放大级。如果收音机性能良好,则发出尖的嘟嘟声,电流在 $210\sim300$ mA 之间。

(3) 再用信号发生器的低频输出线点住电位器的非地端(2 个),如果收音机性能良好,则发出尖的嘟嘟声,电流在 $210\sim300$ mA 之间。

(4) 把电源关好,低频调试结束。

2. 统调的过程

使用仪器调整也必须在收音机电路正常工作情况下进行。

(1) 高频信号由第一级注入(就是把高频信号发生器的高频输出线夹在天线上),打开收音机,并开到最大音量,将收音机的双联全部旋进(逆时针打到最大)。

(2) 将信号发生器调整到 465 kHz 的位置上,先调 B_5,再调 B_4 和 B_3,使毫伏表或毫安表指针摆到最大。

(3) 将信号发生器调整到 535 kHz,改变磁棒上线圈的位置,并调节振荡线圈的磁帽,使毫伏表或毫安表指针摆到最大。

(4) 将信号发生器调整到 1 605 kHz(为了便于找到,可以使用 1 600 kHz),将收音机的双联电容全部旋出(顺时针打到最大),调节双联电容的微调电容,使毫伏表或毫安表指针摆到最大。

(5) 反复调节几次即可调好。

8.4　整机故障检测方法

电子装置千差万别,其故障现象也千奇百怪,但在分析、排除故障时,运用一些基本的方法,对帮助排除故障是有益的。当然,下面所列举的几种基本方法,并不是每次都要用到,必须根据当时出现的故障现象,有选择地、有针对性地选用。

8.4.1　测量法

测量法是故障检测中使用最广泛、最有效的方法。根据检测的电参数特性又可分为电阻法、电压法、电流法、逻辑状态法等。

1. 电阻法

电阻是各种电子元器件和电路的基本特征,利用万用表测量电子元器件或电路各点之间电阻值来判断故障的方法称为电阻法。

测量电阻值,有"在线"和"离线"两种基本方式。"在线"测量,需要考虑被测元器件受其他并联支路的影响,测量结果应对照原理图分析判断。"离线"测量需要将被测元器件或电路从整个电路或印制板上脱焊下来,操作较麻烦,但结果准确可靠。

用电阻法测量集成电路,通常先将一支表笔接地,用另一支表笔测各种引脚对地电阻值,然后交换表笔再测一次,将测量值与正常值(有些维修资料给出,或自己积累)进行比较,相差较大者往往是故障所在(不一定是集成电路坏)。

电阻法对确定开关、接插件、导线、印制板导电图形的通断及电阻器的变质、电容器短路、电感线圈断路等故障非常有效而且快捷,但对晶体管、集成电路以及电路单元来说,一般不能直接判定故障,需要对比分析或兼用其他方法,但由于电阻法不用给电路通电,因此可将检测风险降到最小。采用电阻法测量时要注意:

(1) 使用电阻法时应在线路断电、大电容放电的情况下进行,否则结果不准确,还可能损坏万用表。

(2) 在检测低电压供电的集成电路($\leqslant 5$ V)时避免用针式万用表的 $\Omega \times 10$ k 挡。

(3) 在线测量时应将万用表表笔交替测试,对比分析。

2. 电压法

电子线路正常工作时,线路各点都有一个确定的工作电压,通过测量电压来判断故障的方法称为电压法。电压法是通电检测手段中最基本、最常用的方法。根据电源性质又可分为交流和直流两种电压测量。

(1) 交流电压测量

一般电子线路中交流回路较为简单,对 50Hz/60Hz 市电升压或降压后的电压只须使用普通万用表选择合适 AC 量程即可,测高压时要注意安全并养成用单手操作的习惯。

对于非 50 Hz/60 Hz 的电源,例如变频器输出电压的测量就要考虑所用电压表的频率特性,一般指针式万用表为 $45\sim2\,000$ Hz,数字式万用表为 $45\sim500$ Hz,超过范围或非正弦波测量结果都不正确。

(2) 直流电压测量

检测直流电压一般分为三步:

1) 测量稳压电路输出端是否正常。

2) 各单元电路及电路的关键"点",例如放大电路输出点、外接部件电源端等处电压是否正常。

3) 电路主要元器件如晶体管、集成电路各引脚电压是否正常,对集成电路首先要测电源端。也可对比正常工作时同种电路测得的各点电压。偏离正常电压较多的部件或元器件,往往就是故障所在部位。这种检测方法,要求工作者具有电路分析能力并尽可能收集相关电路的资料数据,才能达到事半功倍的效果。

3. 电流法

电子线路正常工作时,各部分工作电流是稳定的,偏离正常值较大的部位往往是故障所在。这就是电流法检测线路故障的原理。

电流法有直接测量和间接测量两种方法。直接测量就是将电流表直接串接在欲检测的回路测得电流值的方法。这种方法直观、准确,但往往需要对线路动"手术",例如断开导线、脱焊元器件的引脚等,才能进行测量,因而不太方便。对于整机总电流的测量,一般可通过将电流表的两支表笔接到开关上的方式测得,对使用 220 V 交流电的线路必须注意测量安全。

间接测量法实际上是用测电压的方法换算成电流值。这种方法快捷方便,但如果所选测量点的元器件有故障则不容易准确判断。

8.4.2　跟踪法

信号传输电路,包括信号获取(信号长生)、信号处理(信号放大、转换、滤波、隔离等)以及信号执行电路,在现代电子电路中占有很大比例。这种电路的检测关键是跟踪信号的传输环节。在具体应用中,根据电路的种类分为信号寻迹法和信号注入法两种。

1. 信号寻迹法

信号寻迹法是针对信号产生和处理电路的信号流向寻找信号踪迹的监测方法,具体检测时又可分为正向寻迹(由输入到输出顺序查找)、反向寻迹(由输出到输入顺序查找)和等分寻迹三种。

正向寻迹是常用的检测方法,可以借助测试仪器(示波器、频率计、万用表等)逐级定性、定量检测信号,从而确定故障部位。反向寻迹检测仅仅是检测的顺序不同。等分寻迹对于单元较多的电路是一种高效的方法,适用多级串联结构的电路,且各级电路故障率大致相同,每次测试时间差不多。对于有分支、有反馈或单元较少的电路则不适用。

2. 信号注入法

对于本身不待信号产生电路或信号产生电路有故障的信号,处理电路采用信号注入法是有效的检测方法。所谓信号注入,就是在信号处理电路的各级输入端输入已知的外加测试信号,通过终端指示器(例如指示仪表、扬声器、显示器等)或检测仪器来判断电路工作状态,从而找出电路故障。

各种广播电视接收设备是采用信号注入法检测的典型。检测时需要两种信号:鉴频器之前要求调频立体声信号,解码器之后是音频信号。通常检测收音机电路是采用反向信号注入,即先将一定频率和幅度的音频信号从功率放大级开始逐渐向前推移,通过扬声器或耳机监听声音的有无和音质及大小,从而判断电路故障。

采用信号注入法检测时要注意以下几点:

(1) 信号注入顺序根据具体电路可采用正向、反向或中间注入的顺序。

(2) 注入信号的性质与幅度要根据电路和注入点变化,可以估测注入点工作信号作为注入信号的参考。

(3) 注入信号时要选择合适接地点,防止信号源和被测电路相互影响。一般情况下可选择靠近注入点的接地点。

(4) 信号与被测电路要选择合适的耦合方式,例如交流信号应串接合适电容,直流信号串接适当电阻,使信号与被测电路阻抗匹配。

(5) 信号注入有时可采用简单易行的方式,如收音机检测时就可用人体感应信号作为注入信号(即手持导电体触碰相应电路部分)进行判别。同理,有时也必须注意感应信号对外加信号检测的影响。

8.5 收音机常见故障检修

收音机产生故障的原因很多,情况也错综复杂。像收音机完全无声、声音小、灵敏度低、声音失真、有噪声、无电台信号等故障,是经常出现的。一种故障现象可能是一种原因造成的,也可能是多种原因造成的。但只要掌握了收音机故障的类型及特点,使用正确的检修方法,就会很快查出故障。

1. 完全无声的故障

收音机无声是一种常见的故障,所涉及的原因较多。电源供不上电、扬声器损坏、低频放大级及功率放大级不工作等,都能使收音机出现完全不工作的状态。当收音机焊装完毕后出现无声的故障,最好使用观察法进行检修。检修时重点检查元器件安装和焊接的错误,例如,电池夹是否焊牢,电池连接线和扬声器连接线是否接错,元器件相对位置及带有极性元器件焊装是否正确,是否因元器件相碰造成的短路,焊接时是否存在漏焊、虚焊、桥接等现象。将焊装完的收音机对照电路原理图和装配图认真地检查,可能会发现由于焊装的疏忽大意造成的故障。若经过认真地观察、对照,仍然无法发现故障的,可按下述步骤进行检修。

(1) 测电源

检查电源电路是否正常,首先测电源两端电压,再测电源接入电路板的电压。若无电压,说明电源连接线开路,电池夹接触不良或开关没有接通。对交直流供电收音机还要重点检查外接电源插座的焊点和其内部接触情况。若为正常的电压,再逐级测低放、前置、检波级及前级电路的供电电压。

(2) 检查低放及功放电路

——低频部分的检查应先检查功率放大级,再检查低频放大级。使用干扰法判断故障在低放还是在功放。对于采用电位器分压方式进行音量调整的收音机,首先"碰"电位器的滑动端(电位器不可放在音量最小处),确定低频部分的确有故障,再"碰"低放和功放的输入端,判断故障所在。用电压测量法找出损坏的元器件,检查输出变压器、输入变压器、初级与次级是否开路,晶体管是否损坏。也可以将被怀疑的元器件焊下,用万用表的电阻挡进行测量,以确认是否真的损坏。

(3) 检查扬声器

——将扬声器连线焊下,用万用表电阻挡($R \times 1$)测扬声器的阻抗应为 8 Ω 左右,再检查连接扬声器、耳机插孔的导线是否断线、接错,耳机插孔开关接触是否良好。

2. 有"沙沙"噪声无电台信号的故障

收音机接通电源后,能听到"沙沙"的噪声,而收不到电台广播,基本可以断定低频电路是正常的。收不到电台信号,应重点检查检波以前的各级电路。在检修这类故障时先使用观察法,查看检波以前各级电路元器件是否有明显的相碰短路或引脚虚接、天线线圈是否断线或接错。

检查时可根据收听到"沙沙"声的大小,分析故障可能出现在收音部分前级电路还是后级电路,因为"沙沙"声越大,经过放大的级数越多,故障在前级的可能性就越大,相反经放大电路的级数越小,"沙沙"声就越小。没有检修经验的初学者,难以从"沙沙"声的大小判断故障时在前级还是在后级。在实际检修中,往往使用干扰法判断故障在哪一级电路。

3. 啸叫声的故障

超外差式收音机因灵敏度高、放大级数多,容易产生各种啸叫声和干扰,引起啸叫声故障的原因很多,查找起来比较困难。检修时要根据啸叫声的特点,判断该啸叫声是属于高频啸叫、低频啸叫或差拍啸叫,并根据啸叫声频率的高低,针对不同电路进行检查。

(1)高频啸叫

收音机在调谐电台时,常常在频率的高端产生刺耳的尖叫声,这种啸叫出现在中波频率 1 000 kHz 以上的位置时,可能是变频电路的电流大、元器件变质、本振或输入回路调偏等原因。

如果啸叫出现频率的低端位置,可能是中频频率调得太高,接近于中波段的低端频率,此时收音机很容易接收到由中放末级和检波级辐射出的中频信号,以致形成正反馈而形成自激啸叫。另一种啸叫在频率的高低端都出现,且无明显变化,并在所接收的电台附近啸叫声强,这多是由于中频放大级的自激原因造成的。

对高端的啸叫主要检查输入电路和变频级电路。先检查偏置电路是否正常,测变频级电流是否在规定的范围内。对天线输入回路或振荡电路失谐产生的啸叫,最好用信号发生器重新进行跟踪统调,并用铜铁棒两端测试后将天线线圈固定好。

低频的啸叫可用校准中频 465 kHz 的方法解决,用信号发生器输送 465 kHz 中频信号,从中放末级向前级依次反复调整中频变压器。

(2)低频啸叫

这种啸叫不像高频啸叫那样尖锐刺耳,且与一种"嘟嘟"声混杂在一起,而且发生在整个波段范围内,啸叫来源主要在低频放大电路或电源滤波电路,检修时先测电源电压是否正常,当电压不足时也会出现"嘟嘟"声。电源滤波电路或前后级电路的去耦滤波电容容量减小、干涸或失效也会引起啸叫和"嘟嘟"声。

(3)差拍啸叫

这种啸叫并不是满刻度都有的,也不是伴随电台信号两侧出现的,而是在某一固定频率出现的。比较常见的是中频频率 465 kHz 的二次谐波、三次谐波干扰,这种啸叫将出现在中波段 930 kHz、1 395 kHz 的位置上,并伴随电台的播音而出现。检修时重点检查中频放大级,是否因中频变压器外壳接地不良,造成各个中频变压器之间的电磁干扰,从而引起差拍啸叫。减小中频放大级电流,将检波级进行屏蔽也是消除差拍啸叫的有效办法。

判断收音机啸叫声的方法除了根据啸叫频率的高低、啸叫所处频率刻度上的位置以外,通常以电位器为分界点。先判断啸叫在前级还是在后级,当关小音量时啸叫声仍然存在,说明故障在电位器后面的低频电路;若关小音量时啸叫声减小或消失,说明故障在电位器前的各级电路。故障范围确定后,再采用基极信号短路的方法判断故障在哪一级电路中。

第9章 EDA技术实训概述

9.1 计算机辅助设计技术与电子设计自动化概述

随着电子计算机技术的迅猛发展,计算机技术已深入人类生活的各个领域,在世界范围内开创了研究和应用计算机辅助设计技术(Computer Aided Design,CAD)。CAD技术的应用和发展,引发了工业设计与制造领域的革命。它极大地改变了工业产品和电子产品设计与制造的传统设计方式,随着CAD技术的深入发展与普及,目前已被广泛地应用于机械、电子、通信、航空、建筑、化工、医学、矿产等各个领域。

计算机辅助制造(Computer Aided Manufacturing,CAM)可以将产品的设计与制造有机地连接起来,可以反复使用系统的一次性输入及后期处理的二次信息,从而使计算机辅助渗透到设计与制造的全过程。计算机辅助工程(Computer Aided Engineering,CAE)是从产品的方案设计阶段起,在计算机上建立产品的整体系统模型。计算机辅助测试(Computer Aided Test,CAT)则是在产品开发、生产过程中对产品的成品、半成品进行测试、检验。

上述计算机辅助技术都可称统为CAD技术。

在电子系统的整体或大部分设计中采用CAD技术来实现,对电子产品的设计文件自动完成逻辑编译、逻辑化简、逻辑综合、逻辑优化和仿真测试,直至实现电子系统功能的全过程,称为电子设计自动化(Electronic Design Automation,EDA)。

EDA技术在硬件实现方面融合了大规模集成电路制造技术、IC版图设计技术、ASIC测试和封装技术、FPGA/CPLD编程下载技术等;在计算机辅助技术方面融合了计算机辅助设计(CAD)、计算机辅助制造(CAM)、计算机辅助测试(CAT)、计算机辅助工程(CAE)等设计概念;在现代电子学方面容纳了电子线路设计理论、数字信号处理技术、数字系统设计等理论知识。所以EDA技术不再是某一学科的分支,或某种新的技能技术,而是一门综合性学科。它打破了软件与硬件间的隔膜,使计算机软件技术与硬件实现有机地结合起来,代表了当今电子应用技术的发展方向。

9.2 可编程逻辑器件

可编程逻辑器件(Programmable Logic Devices,PLD)是一种用户根据需要而自行构造逻辑功能的数字集成电路。这种利用PLD内建逻辑结构、由用户自行配置来实现任何组合逻辑和时序逻辑功能的器件,最初被视为分立逻辑电路和小规模集成电路的替代品,随着 EDA 技术的不断发展,电子设计的含义已经不止局限在当初的类似 Protel 电路版图的设计自动化概念上,而当今的 EDA 技术更多的是指芯片内的电路设计自动化。开发人员完全可以通过自己的电路设计来定制其芯片内部的电路功能,使之成为设计者自己的专用集成电路(ASIC)芯片,这就是当今的用户可编程逻辑器件(PLD)和现场可编程逻辑阵列(FPGA)技术。

PLD 在数字系统研制阶段有着设计灵活、修改快捷、使用方便、研制周期短和成本较低等优越性,是一种有现实意义的系统设计途径。可编程器件已有很久的发展历史,PLD 最早出现于 20 世纪 70 年代初,期间先后出现可编程只读存储器(Programmable Read Only Memory,PROM)、可编程逻辑阵列(Programmable Logic Arrays,PLA)、可编程阵列逻辑(Programmable Arrays Logic,PAL)、通用阵列逻辑(Generic Array Logic,GAL)、现场可编程门阵列(Field Programmable Gate Array,FPGA)、在系统可编程大规模集成电路(In System Programmable Large Scale Integration,ISPLSI)等不同种类。

可编程逻辑器件体积小、容量大、I/O 口丰富、易于编程和加密,更突出的优点是其芯片的在系统可编程技术。它不但具有可编程和可再编程的能力,而且只要把器件插在系统内电路板上,就能对其进行编程或再编程,这种技术是当今最流行的在系统可编程技术(In System Programming,ISP)。ISP 技术打破了产品开发时必须先编程后装配的惯例,使产品可以先装配后编程,成为产品后还可以在系统反复编程。ISP 技术使得系统内硬件的功能像软件一样被编程配置,可以说让可编程逻辑器件真正作到了硬件的"软件化"设计。毫不夸张地说由于可编程器件和 ISP 技术的出现,使得传统的数字电路设计方法和过程得到了一次革命和飞跃。PLD 之所以发展迅速并被广泛应用,主要有两个原因:一是不断出现新的品种,以满足用户自己设计电路的需求;二是开发应用环境良好,软件开发系统高度集成、易学易用,使用户设计、开发极为方便。目前已成为数字 ASIC 设计的主流。

1984 年,FPGA 出现,随后出现了 CPLD。FPGA 具有类似门阵列或类似 ASIC 的结构;而 CPLD 是将多个可编程阵列逻辑器件集成到一个芯片。CPLD 和 FPGA 的主要区别是 CPLD 逻辑单元有数量有限的触发器和丰富的乘积项结构,适合于高编码状态序列的状态机,而高门数的 FPGA 逻辑单元有扇入有限和丰富的触发器结构,适合于每一个状态用一个触发器来构造状态机,低扇入的要求对 FPGA 是重要的,因为 FPGA 的基本单元的扇入数目是受到限制的。CPLD 与 FPGA 的异同点主要是由各自的物理结构决定的。现场可编程门阵列 FPGA 在器件内部的互连上提供了比 CPLD 更大的自由度和集成度,同时也有更为复杂的布线结构和逻辑实现。这些器件由于具有用户可编程的特性,利用 EDA 设计软件,在实验室内就可以设计自己的 ASIC 器件,实现用户的各种专门用途。

PLD 按其密度可分为低密度 PLD 和高密度 PLD 两种,低密度 PLD 器件如早期的 PAL、GAL 等,它们的编程都需要专用的编程器,属半定制 ASIC 器件;高密度 PLD 器件包括复杂可编程逻辑器件,如市场上十分流行的 CPLD、FPGA 等,它们属于全定制 ASIC 芯片,编程时可通过不同接口方式与计算机相连接。我们在进行电子设计工程实训时,主要针对 CPLD 器件进行编程设计。

复杂可编程逻辑器件(Complex Programmable Logic Device,CPLD),是 20 世纪 90 年代初期出现的 EPLD 改进器件。与 EPLD 相比,CPLD 增加了内部连线,对逻辑宏单元和 I/O 单元也有重大的改进。一般情况下,CPLD 器件至少包含 3 种结构:可编程逻辑宏单元、可编程 I/O 单元和可编程内部连线。部分 CPLD 器件还集成了 RAM、FIFO 或双口 RAM 等存储器,以适应 DSP 应用设计的要求。典型的 CPLD 器件有 Lattice 公司的 PLSI/ispLSI 系列器件、Xilinx 公司的 7000 系列和 9000 系列器件,Altera 公司的 MAX7000 与 MAX9000 系列器件和 AMD 公司的 MACH 系列器件等。

9.3 专用集成电路

专用集成电路(Application Specific Integrated Circuits,ASIC)可以分为数字 ASIC 和模拟 ASIC,由于制造工艺上的原因,通常将数模混合型 ASIC 归入模拟 ASIC 类中。如图 9-1 所示。

数字 ASIC 设计可分为全定制(Full Custom)和半定制(Semi-Custom)两种,其中,全定制是由设计人员使用板图编辑工具,从晶体管的板图尺寸、位置以及连线开始设计,以期优化芯片性能、提高芯片的元件密度、降低功耗等;而半定制设计则在设计中有一定的借鉴,这样可以简化设计,提高芯片的成品率。半定制又分门阵列(Gate Array)ASIC 和标准单元(Standard Cell)ASIC。其中门阵列方式是由厂家事先生产好了半成品芯片,根据用户设计的电路完成可编程下载或将电路转化成一定格式文件交给 IC 厂去生产;标准单元 ASIC 则是厂家在芯片板图一级预先设计好一批具有一定逻辑功能的单元,并以库的形式由 EDA 开发系统提供,设计者可以在电路设计完成后利用自动布线软件再完成最终板图设计。

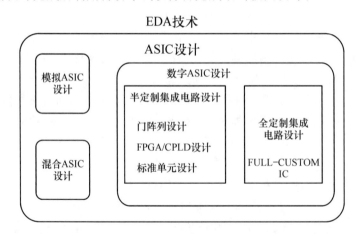

图 9-1 ASIC 分类

目前,完成数字 ASIC 设计的 EDA 工具相当完善,为辅助半定制设计,厂家提供的标准单元库和半成品相当丰富,所以,数字 ASIC 多数采用半定制方式进行设计。而模拟 ASIC 因为种类和结构的复杂性,系统布线布局对其性能指标有相当大的影响,多采用全定制的方式设计。

9.4 硬件描述语言

一个数字系统,当我们借助 EDA 工具进行设计时,需要对所设计系统的功能结构进行描述,也就是需要为 EDA 工具按规定格式提供输入数据。这种对数字系统在系统级至电路级进行设计描述的语言称为硬件描述语言(Hardware Description Language,HDL)。

1980 年,美国国防部开始实施超高速集成电路(Very High Speed Integrated Circuit,VHSIC)开发项目。在开发进程中,出现了一个越来越明显的需求,就是一个可以描述集成电路的结构和功能的表准语言。因而在此过程中开发了 VHSIC HDL (HVDL),并且成了 IEEE 的标准(IEEE Standard-1076,1987 年批准),1993 年作了修订,形成 93 标准(IEEE Standard-1076/1993)。

VHDL 语言描述硬件实体的基本单元是设计实体(Design Entity),设计实体是由接口描述和若干个程序体描述组成,其中,接口描述定义了该实体的外部特性,即输入、输出端口和类属参数(Generic),而程序体描述则表述该实体的内部特性,即系统功能描述。一般我们把接口描述称为 VHDL 语言的实体声明(Entity);把程序体描述称为结构体声明(Archtecture)。编写 VHDL 语言的程序代码与编写其他计算机程序语言的代码有很大的不同,必须清醒地认识到 VHDL 是硬件编程语言,编写的 VHDL 程序代码必须能够综合、编程下载且硬件实现。

VHDL 语言可以满足设计进程中的多种需求。首先,它允许对设计进行结构化描述,也就是可以将一个设计分成多个不同的功能块及其间相互连接关系来考虑;其次,它允许使用易读的程序设计语言形式来规定设计功能;最后,它可以在一个设计投入生产以前对其进行仿真,所以用户可以方便地比较不同的设计并测试其正确性,从而省略了生成硬件原形这一耗时耗力的过程。

9.5　数字系统设计方法

9.5.1　数字系统设计的流程

数字系统的设计一般采用自顶向下、由粗到细、逐步求精的方法。设计的最顶层是指系统的整体要求,最下层是指具体逻辑电路的实现。自顶向下是指将数字系统的整体逐步分解为各个子系统和模块,若子系统规模较大,则还需将子系统进一步分解为更小的子系统和模块,层层分解,直至整个系统中各子系统关系合理、并便于逻辑电路级的设计和实现为止。数字系统的设计流程如图 9-2 所示。

图 9-2　数字系统的设计流程

1. 系统任务分析

数字系统设计中的第一步是明确系统的任务。设计任务书可用各种方式提出对整个系统设计的逻辑要求,常用方式有自然语言、逻辑流程图、时序图等。对系统任务的分析非常重要,它直接决定整个系统设计的正确和好坏。所以,分析时必须细致、全面,不能出现理解上的偏差或疏漏。

2. 确定逻辑算法

实现系统逻辑运算的方法称为逻辑算法。一个数字系统的逻辑运算往往有多种算法,设计者的任务不但要找出各种算法,还要选择并确定最合理的一种。算法是逻辑设计的基础,算法不同,则系统的结构也不同,算法是否合理决定了系统结构的合理性。所以,确定算法是数字系统设计中最重要的一环。

3. 系统划分

当完成系统算法确定步骤后,根据算法构造的硬件框图,把系统科学地划分为若干部分,各部分分别承担不同的逻辑功能,便于进行电路级的实现。

4. 系统逻辑描述

在系统各个功能模块和子模块的逻辑功能及结构确定完成后,要采用比较规范的形式来描述系统的逻辑功能。形成详细的逻辑流程图并与系统硬件产生关联,为电路级实现提供依据。

5. 电路级设计

根据系统逻辑的描述,选择合理的设计方法和器件来实现底层模块的逻辑功能。

6. 模拟仿真

电路设计完成后必须验证设计是否正确。目前,利用 EDA 软件开发系统自带的仿真功能先进行"软仿真",当验证结果正确后再进行实际电路的搭建和测试。

7. 物理实现

物理实现是指用实际的器件实现数字系统设计电路的最终功能。要正确运用测量仪器检测电路,注意检查印刷电路板本身的物理特性等。

9.5.2 数字系统设计时应考虑的主要因素

(1) 系统设计的可行性分析;

(2) 确定软件或硬件实施方案;

(3) 可测量性设计;

(4) 可靠性和可维护性设计;

(5) 外界因素(电磁干扰等)。

第10章 MAX+PLUSⅡ软件开发系统

Altera 公司的 MAX＋PLUSⅡ软件开发系统是一个完全集成化、易学易用的可编程逻辑设计环境，它可以在多种平台上运行。它所提供的灵活性和高效性是无可比拟的。其丰富的图形界面，辅之以完整的、可及时访问的在线文档，使学生能够轻松掌握和使用 MAX＋PLUSⅡ软件。

MAX＋PLUSⅡ软件支持原理图、各种 HDL 文本文件（VHDL、VerilogHDL、AHDL）、波形和 EDIF 等格式的文件作为设计输入。另外，MAX＋PLUSⅡ软件还支持主流的第三方 EDA 工具，如 Synopsys、Cadebce、Synplicity、Mentor、Viewlogic、Exempar 和 Model Technology 等。允许设计人员添加自己认为有价值的宏函数。

MAX＋PLUSⅡ系统的核心 Compiler 支持 Altera 公司的 FLEX10K、FLEX8000、FLEX6000、MAX9000、MAX7000、MAX5000 和 Classic 可编程逻辑器件系列，提供了商业界唯一真正与结构无关的可编程逻辑设计环境。MAX＋PLUSⅡ的编译器还提供了强大的逻辑综合与优化功能，使用户比较容易地将设计集成到器件中。

10.1 初步认识 MAX＋PLUSⅡ

MAX＋PLUSⅡ设计开发系统是美国 Altera 公司提供的 FPGA/CPLD 开发集成环境，其界面友好、使用便捷，被誉为业界最易学易用的 EDA 设计开发软件。

MAX＋PLUSⅡ可以接受对一个电路设计的图形描述（原理图方式）或文本描述（程序语言方式），通过编译查错、模拟仿真、逻辑综合、器件编程等一系列过程，将用户设计的电路描述转变为 FPGA 内部的基本逻辑单元并写入芯片中，完成硬件测试的全过程。

MAX＋PLUSⅡ系统的核心 Compiler 支持 Altera 公司的 FLEX10K、FLEX8000、FLEX6000、MAX9000、MAX7000、MAX5000 和 Classic 可编程逻辑器件系列，提供了商业界唯一真正与结构无关的可编程逻辑设计环境。

另外，MAX＋PLUSⅡ软件还支持主流的第三方 EDA 工具，如 Synopsys、Cadebce、Synplicity、Mentor、Viewlogic、Exemplar 和 Model Technology 等。允许设计人员添加自己认为有价值的宏函数。

现在，MAX＋PLUSⅡ软件开发系统的最新版本是 Baseline 10.0。

10.1.1 MAX＋PLUSⅡ软件安装

安装 MAX＋PLUSⅡ软件，只需要把装有软件的光盘放入计算机光驱中，双击 SETUP

图标,安装程序就会自动运行。大多数情况下,用户只需单击弹出安装对话框中的"Next"按钮即可,MAX+PLUS Ⅱ软件就会被安装到计算机当中(如果要改变默认文件的安装路径,则需要手动设置)。

MAX+PLUS Ⅱ软件安装完成后,在第一次运行时会弹出"License Agreement"对话框,将该对话框右侧滑动条拉到最下方,然后连续单击弹出对话框的"Yes"按钮,最后,进入"License setup"窗口,选择菜单命令"Option→License Setup",进行 License 文件的设置,如图 10-1 所示。

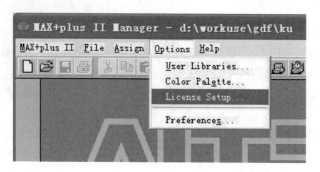

图 10-1　添加 License 文件

在"License Setup"对话框中单击"Browse"按钮,找到"License. dat"文件所在的目录并选择该文件,继续单击"OK"按钮,完成 License 授权文件的安装。授权文件配置完成后,MAX+PLUS Ⅱ软件全部功能被激活,用户才可以正常使用。

10.1.2　MAX＋PLUS Ⅱ 的功能命令

MAX+PLUS Ⅱ软件的功能命令主要集中在软件菜单命令行左上角第一条命令"MAX+PLUS Ⅱ"中。选择菜单命令"MAX+PLUS Ⅱ",如图 10-2 所示。在弹出的下拉菜单中所列举的命令依次为:

1．Hierarchy Display(体系显示窗口)

体系显示窗口显示当前电路能够利用和产生的所有文件,以树型结构排列,清晰可见,可以对当前窗口中的文件进行打开或关闭操作。

2．Graphic Editor(原理图编辑器)

打开原理图编辑窗口,允许用户使用绘图编辑工具在图形编辑区内绘制电路的原理图。

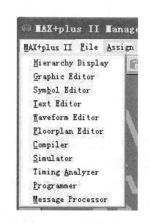

图 10-2　MAX＋PLUS Ⅱ菜单

3．Symbol Editor(符号文件编辑器)

打开符号文件编辑窗口,允许用户查看和修改各种符号文件(注:MAX+PLUS Ⅱ允许用户自定义符号文件,生成的符号文件格式为. sym。)

4．Text Editor(文本编辑器)

打开文本编辑窗口,允许用户输入以硬件描述语言编写的各种文本格式的文件。

5．Waveform Editor(波形编辑器)

打开波形编辑窗口,允许用户输入设计项目经编译后产生的 I/O 引脚。通过改变输入引脚设置,再经过 MAX＋PLUS Ⅱ功能仿真后,即可观察到项目的运行结果。

6. Floorplan Editor(引脚编辑器)

打开引脚编辑窗口,允许用户采用自动或手动两种方式分配引脚(引脚锁定),为设计项目下一步进行编程下载和硬件校验做准备。

7. Complier(编译器)

打开 MAX＋PLUS Ⅱ的编译器,用来对用户设计项目进行查错、逻辑综合和适配,生成电路的网表文件、报告文件和下载文件。

8. Simulator(仿真器)

打开 MAX＋PLUS Ⅱ的仿真器,对设计项目进行功能仿真,在项目未进行硬件校验前,即可验证其设计功能是否可以实现。

9. Timing Analyzer(时序分析)

打开时序分析器,对设计项目的传输速度、引脚延时、时间消耗等进行分析,避免出现资源浪费,提高项目设计的合理性。

10. Programmer(编程下载)

打开编程下载窗口,利用边缘扫描技术实现项目文件的下载。根据选择芯片的不同,确定下载文件。

11. Message Processor(过程信息)

打开信息提示窗口,显示设计项目编译时产生的错误或警告信息,可以利用"Help on Message"按钮显示提示语法,利用"Locate"按钮定位并切换到出现错误的位置。

另外,用户在使用 MAX＋PLUS Ⅱ软件操作时,会使用到工具条,如绘图编辑工具条和波形编辑工具条。下面对这两个工具条进行说明:

(1)绘图编辑工具条,如图 10-3 所示。

(2)波形编辑工具条,如图 10-4 所示。

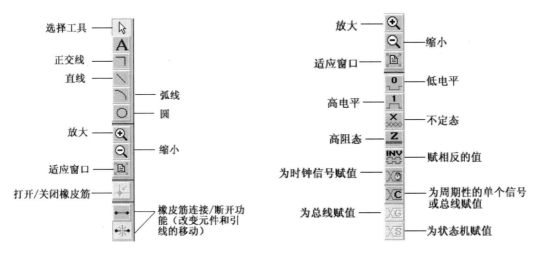

图 10-3 绘图工具条　　　　　　　　图 10-4 波形工具条

以上介绍的是 MAX＋PLUS Ⅱ 的基本功能命令,需要用户正确熟练地掌握,为今后的设计和应用奠定基础。

10.1.3 MAX＋PLUS Ⅱ 软件的设计流程

MAX＋PLUS Ⅱ软件的设计流程是由设计输入、设计编译、设计校验和器件编程四部分组成。具体步骤如图 10-5 所示。

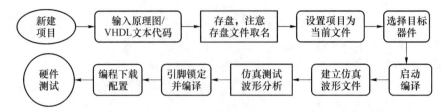

图 10-5 MAX＋PLUS Ⅱ 软件设计流程

1. 设计输入

MAX＋PLUS Ⅱ软件的设计输入方式有多种,主要包括原理图输入方式(Graphic Editor File)、文本输入方式(Text Editor File)、波形设计输入方式(Waveform Editor File)和符号文件输入方式(Symbol Editor File)。因此,设计人员可以根据自己的实际情况灵活选择。

2. 设计编译

MAX＋PLUS Ⅱ软件在对设计项目运行编译命令时,编译器(Compiler)读取设计文件并从中提取信息,产生用于模拟仿真和器件编程的电路图网表文件(Simulation Netlist File)。另外,编译器中的信息处理程序(Message Processor)可自动定位错误,用于确定设计输入中的错误。

3. 设计校验

设计校验过程包括设计仿真和时序分析,主要用来测试设计的逻辑操作和内部时序。其中仿真又分为功能仿真和时序仿真。在进行功能仿真时,编译器可提供网表提取器、数据库编码、功能提取器等功能。在进行时序仿真时,编译器可提供网表提取器、数据库编码、逻辑综合、分割、适配、定时时间提取、汇编等功能。时序仿真是在考虑了设计项目的具体适配器的各种延时时间情况下的设计项目的验证方法。时序仿真不仅测试设计的逻辑功能,而且测试器件内部的时序关系。通过时序仿真,可以保证器件在外部任何条件下正常工作。

时序分析(Timing Analyzer)是用来分析器件引脚和内部元件间的传输路径延时、时序逻辑的性能(工作频率、时钟周期)及器件内部各种寄存器的建立/保持时间。

4. 器件编程

MAX＋PLUS Ⅱ软件对可编程逻辑器件(CPLD/FPGA)的编程可以通过 ISP 在系统可编程(In System Programming)方式进行。通过使用 MAX＋PLUS Ⅱ软件编译器对 Altera 公司的器件进行编译,生成编程文件(.sof/.pof),利用 JTAG 边缘扫描技术(Join Test Action Group),通过 Byte Blaster 下载电缆下载到器件中去。不同的可编程逻辑器件的编程方法有许多种,可根据具体情况选择使用。

在 EDA 实训中,实验硬件系统使用计算机及专用编程电缆进行配置。将计算机并行通信口(打印口)连接到 Altera 专用编程电缆上,再将电缆的另外一端连接到可编程逻辑器件的编程接口,利用 MAX＋PLUS Ⅱ软件提供的编程命令"Programmer→Config"即可对编译生成的配置文件进行下载,完成器件的配置。这种方法的优点是配置方便、迅速,便于修改。

由前面叙述可知,MAX＋PLUS Ⅱ软件的设计流程应概括为以下几个部分:

(1) 设计输入。原理图输入、VHDL 语言描述、网表文件输入及波形输入等方式。

(2) 项目编译。主要完成对设计项目的查错和网表文件的提取、适配、逻辑综合等工作。

(3) 项目校验。将编译产生的相关信息导入到设计项目中,然后对其进行布局布线后的功能仿真和延时分析。

(4) 器件编程。用校验确认的配置文件经编程电缆配置到 CPLD/FPGA 中,然后搭建电路进行硬件测试,以检查是否实现设计预定功能。

10.2　运用 MAX＋PLUS Ⅱ 进行设计

为了使用户进一步掌握 MAX＋PLUS Ⅱ 软件的功能命令和设计流程,下面以"十二进制计数器"的设计为例,讲解如何利用 MAX＋PLUS Ⅱ软件进行设计和测试的全过程。

10.2.1　创建项目文件

1. 创建新项目文件

用户每个独立设计都要对应一个项目,每个项目可以包含一个或多个设计文件,其中有一个是顶层文件,顶层文件的命名必须与设计项目名称相同。由于编译器只对当前项目文件进行编译,所以必须确定一个文件作为当前项目。对于每个新的项目应该建立一个单独的子目录,即在项目所要保存的盘符下建立一个用英文命名的文件夹(注:MAX＋PLUS Ⅱ软件不支持中文名称),如"f:\design"。

(1) 单击选择菜单命令"File→Project →Name",在"Project Name"对话框内,为设计项目命名;在"Directories"对话框内,选择项目保存路径,单击"OK"按钮。此时,MAX＋PLUS Ⅱ软件标题栏将显示新项目的名字。

(2) 选择菜单命令"File→Project→Set Project to Current File",将编辑完成的项目设置成当前文件,如图 10-6 所示。

(3) 选择菜单命令"MAX＋plus Ⅱ→Graphic Editor File",弹出原理图编辑窗口。

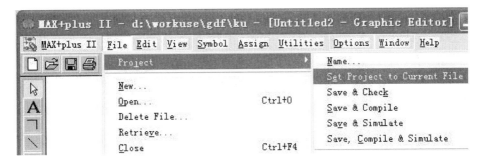

图 10-6　设置项目为当前文件

2. 输入符号元件

在图形编辑区中双击,弹出"Enter Symbol"对话框,如图 10-7 所示。在"Symbol Name"对话框内输入需要使用的元件或逻辑符号的名称,如"74163"元件、"input/output"引脚等

（注：一次输入一个符号），单击"OK"按钮，依次完成符号元件的输入工作。

用户如果无法确定某个符号元件的名称，则可以利用 MAX＋PLUS Ⅱ 符号库提供的文件列表进行查找。每个库对应一个目录，在"Symbol Libraries"对话框中选择库目录双击，位于该库中的所有符号元件就在"Symbol Files"对话框中显示出来。MAX＋PLUS Ⅱ 符号库及元件分类如表 10-1 所示。

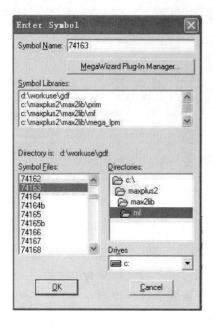

表 10-1　MAX＋PLUS Ⅱ 符号库及元件分类

库　　名	内　　容
Prim（基本库）	基本的逻辑门电路器件、I/O 等
Mf（宏功能库）	包括所有 74 系列逻辑元件等
Mega-lpm（可调用参数库）	包括参数化模块、功能复杂的高级功能模块等
Edif（接口库）	逻辑电路接口

图 10-7　输入符号文件

如果要重复放置同一符号元件，可用复制符号的方法，这样可以提高符号元件输入的速度，具体方法是将鼠标放在要复制的符号元件上，按下键盘"Ctrl"键和鼠标左键不放，同时拖拽鼠标，移动到指定位置后放开左键，这样就可以复制符号了。

最后，不要忘记为引脚和引线命名。在引脚的"PIN-NAME"处双击，使"PIN-NAME"变成黑色高亮状态，然后输入指定的名字即可。为引线命名，可直接在引线上面输入指定的名字即可。对于 n 位宽的总线 A（注：原理图中以粗线形式表现）命名，可以采用 $A[n-1\cdots0]$ 形式，其中单个引线（注：原理图中以细线形式表现）用 A_0，A_1，A_2，$\cdots$，A_{n-1} 形式表示。

根据设计题目要求，本例共使用 3 个 Input 引脚、5 个 Output 引脚、1 个 nand3（三输入与非门）、1 个 gnd（接地符号）、1 个 not（非门）和 1 个 74 163 元件（计数器）。其中，3 输入引脚分别命名为 en、clear 和 clk，分别实现计数使能、清零控制和时钟输入的功能。5 个输出引脚分别命名为 s0、s1、s2、s3 和 cout，分别用做十二进制计数器的计数显示标识和进位显示标识。

3. 绘制原理图

首先，将各符号元件和引脚摆放整齐，间距均匀，避免出现器件重叠的现象。然后，使用引线连接各符号元件和引脚，将鼠标移到符号元件的一侧端口上，这时，鼠标指针自动变为"＋"形状，然后一直按住左键并将其拖曳到待连接符号元件的端口上，放开左键完成连线。连线时要注意引线的长短，引线过长（短）均有可能造成设计项目出错，导致项目编译（Compiler）无法通过。如果要删除一根引线，可用鼠标单击该引线使其呈现高亮状态，然后按键盘"DEL"按键删除即可。

最后,将各符号元件和引脚连接好,绘制完成十二进制计数器的设计原理图,如图 10-8
所示。

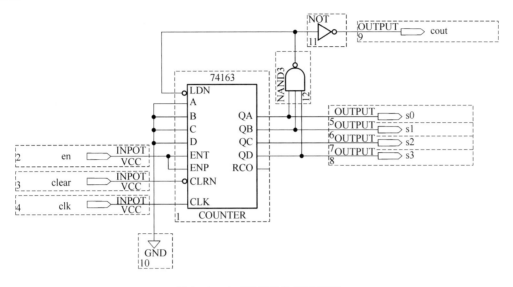

图 10-8　十二进制计数器原理图

4. 项目文件存档

选择菜单命令"File→Save As",在"File Name"对话框中输入设计文件名字(原理图文件
存盘类型为. gdf),在"Drives"对话框和"Directories"对话框中分别选择文件存盘路径与目标
文件夹,单击"OK"按钮保存即可。

10.2.2　项目编译及逻辑综合

MAX＋PLUS Ⅱ编译器(Complier)可以检查文件中的错误并进行逻辑综合,将文件最终
设计结果加载到 FPGA 器件中,并为模拟仿真和器件编程产生输出文件。

MAX＋PLUS Ⅱ编译器既能接受多种输入文件格式,又能输出多种文件格式。输入文件
格式包括:原理图文件(. gdf)、文本格式文件(. tdf)、VHDL 程序语言(. vhd)、EDIF 文件
(. edf)、库映射文件(. lmf)、OrCAD 文件(. sch)、Xilinx 文件(. xnf)、赋值和配置文件(. acf)
等。输出文件格式包括:用于编程器的目标文件(. pof)、用于在线配置 SRAM 目标文件(.
sof)和 JEDEC 文件(. jed)等。

1. 设置项目为当前文件

运行 MAX＋PLUS Ⅱ软件编译命令"Max＋plus Ⅱ→Compiler"之前,需要将设计项目设
置为当前要编译和操作的顶层文件。

选择菜单命令"File→Project→Set Project to Current File",即可把设计项目设置为当前
文件。这样,以后的所有操作才是针对该设计项目文件进行的(注:设置完成后,观察软件标题
栏中显示的文件名称是否和当前编辑的文件名称一致,一致则正确,反之则错误)。

2. 选择下载器件

对项目文件进行编译时,还需要为设计项目指定一个器件系列,然后选择某一个具体器
件,也可以让编译器在该器件系列内自动选择最适合该项目的器件。

选择菜单命令"Assign→Device",弹出器件选择对话框,如图 10-9 所示。然后,在"Device

Family"下拉列表框中选择"FLEX10K"系列,在"Devices"列表框中选择"EPF10K10LC84-4"型号的芯片。

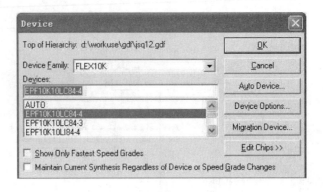

图 10-9　器件选择界面

在具体情况下,器件的选择需要根据实际下载所采用的可编程逻辑器件的芯片型号而定。一般常用的是 FLEX10K 系列的芯片,具体型号有 EPF10K10LC84-3 或 EPF10K10LC84-4 等。由于 EPF10K10LC84-4 型号的器件是慢速器件,因此在选择时,需要用勾选器件选择对话框左下方的"Show Only Faster Speed Grades"选项,否则找不到适合的器件。同样,选择一些其他型号的芯片时,也需要注意这种问题,否则就不能正常使用下载芯片。

3. 配置引脚

将设计文件中的输入/输出引脚配置到指定器件的指定引脚上去,这种分配具体引脚号码的过程称为配置引脚或引脚锁定。

选择菜单命令"Max+plus Ⅱ→Floorplan Editor",或单击快捷工具栏中 按钮,打开引脚编辑窗口。引脚编辑窗口有两种显示方式,即器件视图和逻辑阵列块(LAB)视图。器件视图能够比较明显地看出所有引脚的位置和功能;逻辑阵列块(LAB)视图能够显示器件内部的逻辑阵列块的结构。

选择菜单命令"Layout→Device View"进入器件视图,如图 10-10 所示。选择菜单命令

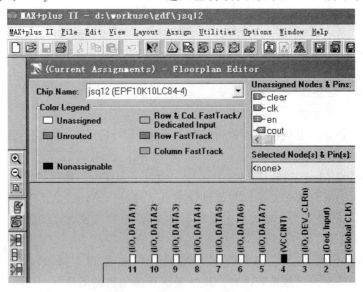

图 10-10　引脚编辑窗口(器件视图)

"Layout→LAB View"进入逻辑阵列视图,如图 10-11 所示。两种视图显示方式可以通过在视图区中双击的方法进行切换。

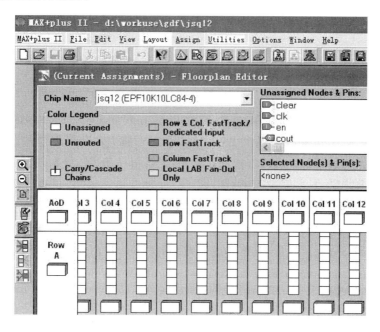

图 10-11　引脚编辑窗口(LAB 视图)

在器件视图显示方式下,首先单击引脚编辑窗口左侧快捷工具栏中 图标,采用手动分配引脚方式。在"Unassigned Nodes & Pins"对话框中列出了未被锁定的引脚名称。将鼠标移到该区域 clk 引脚的 图标上,按下左键,可以看到鼠标指针变成一个矩形框,然后不要放开鼠标左键一直拖曳该矩形框到引脚编辑区中 1 号引脚的空白矩形框处,松开左键即可完成对 clk 信号的引脚锁定,如图 10-12 所示。

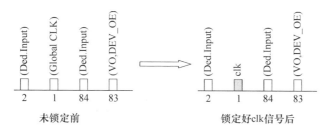

图 10-12　引脚锁定

按上述方法分别将其他引脚按表 10-2 锁定引脚。

表 10-2　十二进制计数器引脚及硬件配置

I/O 名称	芯片引脚号	对应硬件系统名称(V 型 EDA 实验箱)
Clk	1	时钟信号 CLK5(可调数字时钟源)
Clear	11	拨码开关 D0(输入控制端)
En	10	拨码开关 D1(输入控制端)
S0	9	发光二极管 LED4(显示模块)

I/O 名称	芯片引脚号	对应硬件系统名称（Ⅴ型 EDA 实验箱）
S1	8	发光二极管 LED5（显示模块）
S2	7	发光二极管 LED6（显示模块）
S3	6	发光二极管 LED7（显示模块）
Cout	5	发光二极管 LED8（显示模块）

引脚锁定规则：在引脚编辑窗口以器件视图方式观察 FLEX10K10LC84-3 芯片或 FLEX10K10LC84-4 芯片的引脚，可供用户自由分配的引脚为白色矩形框标识的空白引脚，而以黑色矩形框标识的引脚为系统内部使用。另外，建议用户在实际分配时，尽量使用带有标识为"I/O"类型或"I/O DATA"类型的空白引脚。

完成所有引脚锁定后，单击快捷工具栏中 ![保存] 图标，保存引脚锁定后的设计项目文件，并选择菜单命令"MAX＋PLUS Ⅱ→Complier"，启动 MAX＋PLUS Ⅱ 编译器对该文件编译，以确认引脚锁定的操作过程。然后，观察完成引脚锁定后的原理图文件，会发现在原来图形的输入输出引脚旁边，出现了新的引脚号标识。

还有另外一种引脚锁定的方法：选择菜单命令"Assign→Pin/location/Chip"，弹出如图 10-13 所示的对话框。在"Node Name"对话框中输入要锁定的引脚名字，在"Chip Resource"对话框中，点选"Pin"选项，并在其下拉列表中选择要锁定的引脚号，然后单击"Add"按钮，在"Existing Pin/Location/Chip Assignments"对话框中就会出现该引脚锁定的说明句，接着逐一为其他引脚进行锁定，单击"OK"按钮完成引脚锁定的操作。最后，选择菜单命令"Max＋PLUS Ⅱ→Complier"，启动 MAX＋PLUS Ⅱ 编译器编译，以确认引脚锁定的操作过程。

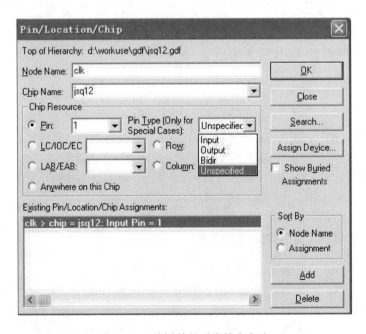

图 10-13　编译前的引脚锁定方法

4. 编译及逻辑综合

选择菜单命令"MAX＋PLUS Ⅱ→Compiler"，弹出编译器对话框，如图 10-14 所示。单击

"Start"按钮,开始对项目文件进行编译。在编译过程中,所有相关信息会出现在自动打开的信息处理对话框"Messages"中。如果项目文件有错误,则错误信息会在信息处理对话框中出现以红色高亮状态标识,用户可以双击错误信息,即可返回到原理图编辑窗口,然后根据红色高亮状态标识的错误信息修改原理图,并再次进行编译,直到编译通过。编译通过后,用户可以双击"Fitter"下的"rpt"图标文件,打开编译生成的适配报告,以了解引脚锁定的情况和以上设置是否一致。

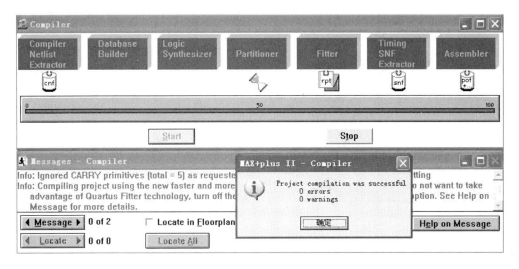

图 10-14　项目编译器

编译器各部分名称与功能,如表 10-3 所示。

表 10-3　编译器各模块及功能表

模块名称	功能介绍
CompilerNetlist Extractor	提取网表文件,生成设计项目的网表文件
Database Builder	建立数据库
Logic Synthesizer	选择合适化简算法,去除冗余逻辑,进行逻辑综合
Parlitloner	逻辑分割
Fitter	适配,生成适配报告
Timing SNF Extractor	提取延时网表文件,用于时序分析
Assembler	编程文件汇编

　　下面进行逻辑综合优化设置。选择菜单命令"Assign→Global Project Logic Synthesis..."弹出逻辑优化设置对话框,如图 10-15 所示。鼠标左键拖动右侧"Optimize"框中的滑块移动到适合位置(注:滑块靠左"Area"侧代表芯片资源利用率越高;靠右"Speed"侧代表运算速度越快,但需耗用芯片资源)。

　　若选用的目标器件为 CPLD,则需要对"MAX Device Synthesis Options"框中项目进行设置,然后单击"Define Synthesis Style..."按钮,弹出综合优化设置对话框,如图 10-16 所示。依次设置综合方式"Style"为"NORMAL";"Minimization"为"Full";"Slow Slew Rate"可根据

需要选择(选中,可降低信号出现竞争冒险的风险和信号噪声;不选,可保持信号传输速度)。最后单击"OK"按钮,完成设置。

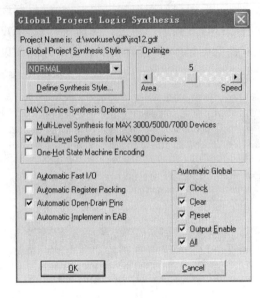

图 10-15　逻辑优化　　　　　　　图 10-16　综合优化

10.2.3　项目功能仿真

一个项目文件的输入和编译完成后不一定完全符合设计要求,因为设计输入和编译仅仅是整个 MAX+PLUS Ⅱ设计流程的一部分。编译通过只能说明设计文件符合 MAX+PLUS Ⅱ的输入标准,而不能保证设计项目功能完全实现。

MAX+PLUS Ⅱ提供的模拟仿真功能是对设计文件下载到 FPGA/CPLD 器件之前所做的软件测试,以确保设计项目在各种条件下都能实现其设计功能。在仿真过程中,需要给 MAX+PLUS Ⅱ仿真器提供输入变量,仿真器通过对输入信号的仿真生成输出信号。通过分析这些输出信号,即可以判断项目设计的功能是否正确。

1. 建立仿真波形文件

选择菜单命令"File→New",在弹出的对话框中点选"Waveform Editor File"选项,单击"OK"按钮,即可进入波形编辑器窗口。或选择菜单命令"MAX+plus Ⅱ→Waveform Editor",也可打开波形编辑窗口。

在波形编辑窗口中选择菜单命令"Node→Enter Node from SNF",出现输入信号节点对话框。或在波形编辑窗口单击鼠标右键,在弹出菜单中选择"Enter Node from SNF"命令,也可打开输入信号节点对话框。

在输入节点对话框中,单击"List"按钮,"Available Nodes & Groups"对话框中立即会列出所有可以选择的信号,然后单击"=>"按钮,将所有可供选择的信号全部添加到右侧"Selected Noddes & Groups"对话框中,单击"OK"按钮,完成仿真信号选择的工作。信号输入完成后的波形编辑窗口,如图 10-17 所示。

不同的设计项目其功能仿真的结果也各不相同,为了更好地观测不同的仿真结果,需要设置仿真结束时间、观测网格间距等参数。

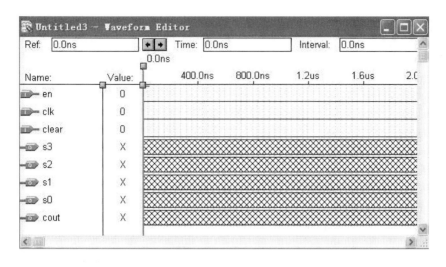

图 10-17　波形编辑窗口(节点输入完成)

（1）设置仿真结束时间

选择菜单命令"File→End Time…"，在"Time"对话框中输入"2 μs"，单击"OK"按钮。设置仿真结束时间为 2 μs。

（2）设置观测网格间距

选择菜单命令"Option→Grid Size…"，在"Grid Size"对话框中输入"40ns"，单击"OK"按钮。设置网格间距为 40 ns。

2．设置输入信号波形

在波形编辑窗口中，分别为输入信号：en(使能端)、clear(清零端)、clk(时钟信号)设置初始值。

鼠标左键点选 en 信号，使其呈现黑色高亮状态，然后单击波形编辑窗口左侧工具条的 按钮(注：波形编辑工具条按钮对应信号类型，详见图 10-4)，即为 en 信号赋值为"1"(高电平)。同样，clear 信号的赋值也为"1"(高电平)。

为 clk 信号赋值，点选 clk 信号使其呈现黑色高亮状态，然后单击波形编辑工具条的 按钮，弹出设置时钟信号对话框，按默认设置，单击"OK"按钮即可。另外，可单击工具条 按钮，缩小波形显示，以便在仿真时能够观测波形全貌。

最后，保存设置输入引脚后的波形文件。选择菜单命令"File→Save As"，将波形文件和设计项目文件保存在同一目录下，且文件名保持一致，单击"OK"按钮即可。

3．模拟仿真

选择菜单命令"MAX＋plus Ⅱ-Simulator"，打开仿真器。单击仿真器启动窗口"Start"按钮，即可开始进行模拟仿真运算。(注：在每次启动仿真器之前，都必须对新设置好的波形文件先存盘)。

模拟仿真完成后，单击"Open SCF"按钮，打开仿真后生成的波形文件，如图 10-18 所示。观察波形文件显示的输出结果，是否和项目预期设计的功能相符，以确认项目原理图的正确性。

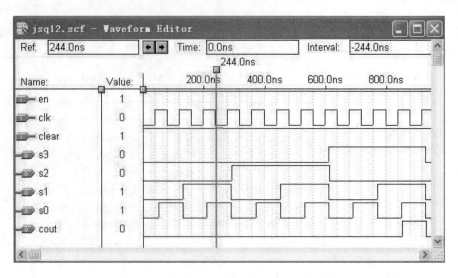

图 10-18　功能仿真后的波形文件

10.2.4　项目时序分析

MAX＋PLUS Ⅱ 提供的时序分析器,可用来对设计项目的时间性能进行分析。它提供了三种分析模式:

(1) 延时矩阵分析(简称延时分析):分析多个源节点和目标节点之间的传播延时路径。

图 10-19　延时分析窗口

选择菜单命令"MAX＋PLUS Ⅱ→Timing Analyzer",或单击快捷工具栏中按钮,即以延时矩阵方式打开时序分析器窗口,并自动装入项目文件的定时网表文件。选择菜单命令"Analysis→Delay Matrix",在延时分析对话框中单击"Start"按钮,时间分析器开始对项目文件进行分析,并计算项目中每对连接的节点之间的最大和最小传播延时,分析结束后单击"OK"按钮,则项目中各节点间的路径延时就在时序分析器中显示出来,如图10-19所示。[注:延时分析的数据是由 MAX＋PLUSⅡ的器件模型文件(.dmf)所提供]。

(2) 时序逻辑电路性能分析(简称时序分析):分析时序逻辑电路的性能,包括限制性能的延时、最少的时钟周期和最高的电路工作频率等。

选择菜单命令"Analysis→Registered Performance",或单击快捷工具栏中按钮,打开时序分析窗口。在时序分析对话框中单击"Start"按钮,开始进行时序逻辑电路性能分析。"Clock"对话框显示被分析时钟信号的名称和默认时序逻辑电路的最长延时路径;"速度表"指示的是时序逻辑电路可能的运行速度,即给定时钟信号的最高频率;速度表下方矩形框内则显示在给定时钟条件下,时序逻辑电路要求的最小时钟周期,如图10-20所示。

（3）建立/保持时间分析：计算从输入引脚到触发器、锁存器和异步 RAM 的信号输入所需的最少的建立和保持时间。

选择菜单命令"Analysis→Set/Hold Matrix"，或单击快捷工具栏中 ❁ 按钮，打开建立/保持时间分析窗口，单击"Start"按钮，开始进行建立/保持时间分析，观察分析结果，如图 10-21 所示。

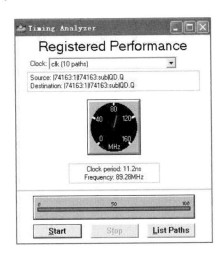

图 10-20　时序逻辑电路性能分析

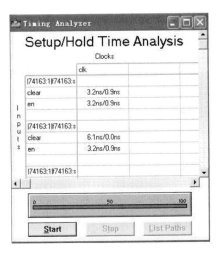

图 10-21　建立和保持时间分析

10.2.5　器件编程下载

在 Altera 器件中，一类为 MAX 系列，另一类为 FLEX 系列。其中 MAX 系列为 CPLD 结构，编程信息以 E²PROM 方式保存，所以，对这类器件的下载称为编程；FLEX 系列类似于 FPGA，其逻辑块 LE 及内部互连信息都是通过芯片内部的存储单元阵列完成的，存储单元阵列采用 SRAM 方式保存，所以，这类器件的下载称为配置。因为 MAX 系列编程信息以 E²PROM 方式保存，FLEX 系列配置信息采用 SRAM 方式保存，所以系统掉电后，MAX 系列编程信息不丢失，而 FLEX 系列配置信息会丢失，需要每次系统上电后重新配置。

图 10-22　下载编辑器窗口

设计项目文件通过系统编译和模拟仿真后，会分别生成一个 SRAM 和 E²PROM 目标文件，其文件的后缀名分别为 .sof 和 .pof。在选择不同器件下载时，下载文件一定要注意不要选择错误。

（1）启动下载编辑器：选择菜单命令"MAX＋PLUS Ⅱ→Programmer"，打开下载编辑器窗口，如图 10-22 所示。

（2）检查硬件连接：确认可编程逻辑器件（实验箱）与计算机硬件是否连接完好，将 Altera 专用下载电缆一端与计算机的并行口 LPT1（打印口）相连，另一端与实验箱下载硬件端口 JTAG（边缘扫描接口）相连。

（3）软件配置接口：选择菜单命令"Option→Hardware Setup"，在弹出对话框中选择"Hardware Setup"选项下拉菜单中的"Byte Blaster（MV）"选项，然后单击"OK"按钮返回，如图 10-23 所示。

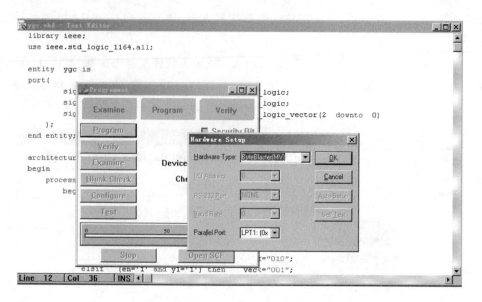

图 10-23　下载端口选择对话框

　　(4) 配置下载文件：根据可编程逻辑器件实际型号，选择下载文件.sof 或.pof(实验采用的可编程逻辑器件是 FLEX 系列 FLEX10K10LC84-4 型号，所以选择下载文件的格式为.sof)。选择菜单命令"JTAG→Multi→Device JTAG Chain Setup"，弹出选择下载文件选择对话框，如图 10-24、图 10-25 所示。在对话框中单击"Select Programming File..."按钮，选择下载文件(.sof)后，单击"Add"按钮将其添加到备选框中。最后，在备选框中单击该下载文件，使之呈现蓝色高亮状态，单击"OK"按钮返回。

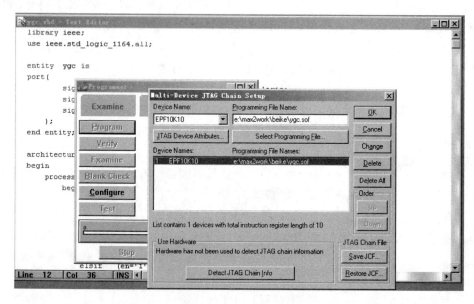

图 10-24　下载文件选择对话框一

　　(5) 下载：先打开实验箱电源，然后单击下载编程器窗口中"Configure"按钮，即可完成下载。文件下载到可编程逻辑器件后，按锁定的引脚位置，进行硬件的实验连线，完成硬件校验和检测的工作。

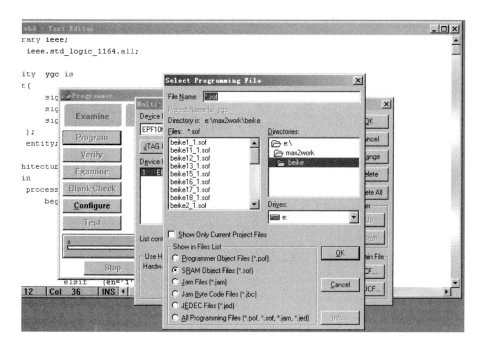

图 10-25　下载文件选择对话框二

10.2.6　MAX＋Plus Ⅱ设计流程总结

（1）建立工作文件夹（注意：文件夹应建立在 E 盘下，文件夹的名字必须是英文的）。

（2）打开 Max＋Plus Ⅱ软件并建立当前文件：

① 双击 Max＋Plus Ⅱ图标，打开该软件；

② 执行"File→New"，打开文件建立对话框；

③ 选择希望使用的编辑器（原理图、符号、文本、波形图），建立新文件。

（3）输入设计内容（绘制图形、编写程序代码）。

（4）保存设计文件：

① 执行"File→Save（或 Save As）"，打开文件保存对话框；

② 选择文件保存路径（D 或 E 盘下，自己新建的工作文件夹）；

③ 选择文件保存类型（原理图为 GDF、VHDL 程序为 VHD）；

④ 输入文件名称（原理图任意起名，但必须是英文或英文及数字组成的；VHDL 程序的名字必须和程序中 entity 后面的名字一致）；

⑤ 单击"OK"按钮，完成保存操作。

（5）将设计文件设置为当前项目。

执行"File → Project → Set Project to Current File"，实现项目的设置。

（6）侦错并修改。

执行"File → Project → Save & Check"，实现设计侦错；若有错误则进行修改；若有警告，视硬件现象的情况再决定是否修改。

（7）选择编程器件：

① 执行"Assign → Device"，打开器件选择对话框；

② 将对话框中所有的"√"符号去掉；

③ 在"Family"选项中选择"FLEX10K"；

④ 在"Device"选项中选择"EPF10K10LC84-4"；

⑤ 单击"OK"按钮，完成器件选择。

(8) 编译：

执行"File → Project → Save & Compile"，实现编译。

(9) 波形仿真：

① 建立波形文件，执行"File → New → Waveform Editor Files"，建立波形文件。

② 设置仿真参数并存盘，将输入端口按照功能需要设置为高、低电平。

③ 执行仿真，执行"Max+PLUS Ⅱ → Simulator → Start"。

(10) 时序分析：

① 延时分析；

② 建立、保持分析；

③ 寄存器性能分析。

(11) 配置引脚：

① Max+PLUS Ⅱ → FloorPlan Editor；

② 将设计中出现的 I/O 引脚放置到 FPGA 的数字端口上；

③ 重复第(8)步操作。

(12) 器件编程：

① 选择编程对话框，并保留在视线的最前端。执行"Max+PLUS Ⅱ → Programmer"，打开编程对话框。

② 选择编程端口。执行"Options → Hardware Setup"，选择"ByteBlaster(MV)"，单击"OK"按钮返回。

③ 选择编程文件。执行"File → Select Programming File"，选中和项目名称一致的 SOF 文件，单击"OK"按钮返回。

④ 执行编程操作：

a. 检查实验箱电源是否打开；

b. 检查数据线是否连接妥当；

c. 检查芯片选择开关是否在 CPLD 一侧；

d. 以上均正常，单击"Configure"，完成编程操作。

第11章　VHDL语言基础

VHDL 的英文全名是 Very-High-Speed Integrated Circuit Hardware Description Language,诞生于 1982 年。1987 年年底,VHDL 被 IEEE 和美国国防部确认为标准硬件描述语言。VHDL 主要用于描述数字系统的结构、行为、功能和接口。VHDL 除了含有许多具有硬件特征的语句外,其语言形式、描述风格、句法现象十分类似于一般的计算机高级语言。

11.1　VHDL 语言入门

11.1.1　VHDL 语言特性

VHDL 语言能够成为标准化的硬件描述语言并获得广泛应用,其自身具有很多其他硬件描述语言所不具备的优点。

1. VHDL 语言功能强大,设计方式多样

VHDL 语言具有强大的语言结构,只需采用简单明确的 VHDL 语言程序就可以描述十分复杂的硬件电路。同时,它还具有多层次的电路设计描述功能。此外,VHDL 语言能够同时支持同步电路、异步电路和随机电路的设计实现,这是其他硬件描述语言所不能比拟的。VHDL 语言设计方法灵活多样,既支持自顶向下的设计方式,也支持自底向上的设计方法;既支持模块化设计方法,也支持层次化设计方法。

2. VHDL 语言具有强大的硬件描述能力

VHDL 语言具有多层次的电路设计描述功能,既可描述系统级电路,也可以描述门级电路;描述方式既可以采用行为描述、寄存器传输描述或者结构描述,也可以采用三者的混合描述方式。同时,VHDL 语言也支持惯性延迟和传输延迟,这样可以准确地建立硬件电路的模型。VHDL 语言的强大描述能力还体现在它具有丰富的数据类型。VHDL 语言既支持标准定义的数据类型,也支持用户定义的数据类型,这样便会给硬件描述带来较大的自由度。

3. VHDL 语言具有很强的移植能力

VHDL 语言具有很强的移植能力,对于同一个硬件电路的 VHDL 语言描述,它可以从一个模拟器移植到另一个模拟器上、从一个综合器移植到另一个综合器上、从一个工作平台移植到另一个工作平台上去执行。

4. VHDL 语言的设计描述与器件无关

采用 VHDL 语言描述硬件电路时,设计人员并不需要首先考虑选择进行设计的器件,这样做的好处是可以使设计人员集中精力进行电路设计的优化,而不需要考虑其他的问题。当硬件电路的设计描述完成以后,VHDL 语言允许采用多种不同的器件结构来实现。

5. VHDL 语言程序易于共享和复用

VHDL 语言采用基于库(library)的设计方法。在设计过程中,设计人员可以建立各种可再次利用的模块。一个大规模的硬件电路的设计不可能从门级电路开始一步步地进行设计,而是一些模块的累加,这些模块可以预先设计或者使用以前设计中的存档模块,将这些模块存放在库中,就可以在以后的设计中进行复用。

由于 VHDL 语言是一种描述、模拟、综合、优化和布线的标准硬件描述语言,因此它可以使设计成果在设计人员之间方便地进行交流和共享,从而减小硬件电路设计的工作量,缩短开发周期。

11.1.2　VHDL 语法规则

1. 标识符

VHDL 中的标识符分为基本标志符和扩展标识符两种。

基本标识符构成应符合以下规则:

(1) 标识符中允许的合法字符仅包含 26 个英文大、小写字母及下画线和数字;

(2) 标识符中不区分英文字母的大小写;

(3) 标识符必须以字母开头;

(4) 标识符不能以下画线("_")结尾,且不能出现连续的两个或多个以上下画线;

(5) 标识符不能与关键词或保留字重复。

扩展标识符是在两个反斜杠中的一个字符序列,可以使用任何的字符,包括"♯"、"～"等。扩展标识符取消了基本标志符中的限制。但扩展标识符区分大小写。注意,如果扩展标识符内含有反斜杠,必须用连续的两个反斜杠。如\%23chip\、\---underscore\、\8848\、\aa\\bc\ 等都是有效的扩展标识符。

无论是基本标识符还是扩展标识符,都要尽可能避免使用具有很强语义的单词和单独的字母,以减少与软件系统发生冲突的机会。如使用"library""Z"等,都是具有一定功能的单词或字母,它们就不能作为标识符。

需要说明的是,VHDL 源代码中的说明性文字开头一律是 2 个连续的连接线("--"),可以出现在任意一条语句后面,也可以单独成为一行出现。

2. 数据对象

数据对象是数据类型的载体。VHDL 语言中,有 3 种常见形式的数据对象:常量(Constant)、变量(Variable)和信号(Signal)。

(1) 常量

常量定义格式如下:

Constant 常量名[,常量名…]:数据类型 := 表达式;

常量一旦被赋值,在整个 VHDL 程序中将不再改变。

(2) 变量

变量定义格式如下:

Variable 变量名[,变量名…]:数据类型 [:= 表达式];

变量并不对应到所设计硬件 IC 的任何输入或输出引脚,只是用来作为程序执行过程中的暂存值,故此在变量之间传递的数据是瞬时的、无实际附加延时的。

变量一般出现在 process、if_loop、function 等语句之中,用于暂时运算,其数值仅在局部范围内有效。

(3) 信号

信号定义格式如下:

Signal 信号名[,信号…]:数据类型[:= 表达式];

信号包括所设计硬件 IC 的输入或输出引脚、IC 内部缓冲量,具有硬件电路与之相对应,在信号之间的数据传递具有实际的附加延时。

信号在实体中定义时,作为硬件 IC 的输入、输出引脚使用;在结构体 Architecture 与begin 之间定义时,则作为全局量使用。

信号与变量的形式几乎完全相同,最根本的区别在于信号可以用来存储或传递逻辑值,可被软件系统编译集成为存储器件或数据总线,而变量则没有这种功能。基于这个区别,在程序中,信号能够在不同的进程之间传递,而变量则不能。

3. 数据类型

由于 VHDL 语言是硬件设计语言,因此它是一种类型概念很强的语言。任一常量、信号、变量、函数和参数在声明时必须声明类型,并且只能携带或返回该类型的值,这样才可以避免设计出硬件上无法实现的功能。

VHDL 预定义了一些编程语言中都使用的数据类型,以及一些硬件语言都支持的与硬件相关的数据类型。IEEE VHDL 描述了两个特定程序包,STANDARD 程序包和 TEXTIO 程序包。每个包都包含一个类型和操作的标准集合。VHDL 预先定义的数据类型都在STANDARD 中声明,这个程序包支持所有 VHDL 语言的硬件实现。下面介绍几种常用的数据类型。

(1) 数据类型 BOOLEAN

数据类型 BOOLEAN 是具有两个值的枚举类型:FALSE 和 TRUE,且 FALSE<TRUE。VHDL 程序中使用到的逻辑函数,如相等(=)、大于(>)、小于(<)等,其返回值即为BOOLEAN 型。

(2) 数据类型 BIT

数据类型 BIT 用两个字符"0"或"1"中的一个来代表二进制值。如逻辑操作"与"(AND),用到 BIT 值且返回 BIT 值。此类数据在赋值过程中,数据两端使用单引号''括起来。此类数据的二进制位数是 1;在硬件连线时,用 1 条导线即可完成。

(3) 数据类型 BIT_VECTOR

数据类型 BIT_VECTOR 代表 BIT 值的一个具有方向性的数组,数组的方向由定义中出现的"to"或"downto"确定,数组的宽度(即二进制位数)由定义 BIT_VECTOR 类型时括号中的数字差表示出来。此类数据在赋值过程中,数据两端使用双引号""括起来。此类数据的二进制位数是:括号内的数字差+1;硬件连线时,导线数目与二进制位数一致。

(4) 数据类型 STD_LOGIC

数据类型 STD_LOGIC 是包含有强不定状态、弱不定状态、高阻状态、强"0"、弱"0"、强"1"、弱"1"、未初始化、未赋值九种逻辑信号状态的数据类型。此类数据在赋值过程中,数据两端使用单引号''括起来。此类数据及硬件连线情况,与 BIT 型完全一致。

（5）数据类型 STD_LOGIC_VECTOR

数据类型 STD_LOGIC_VECTOR 是数据类型 STD_LOGIC 值的一个具有方向性的数组，数组方向、宽度、赋值情况、二进制位数以及硬件连线情况均与 BIT_VECTOR 完全一致。

（6）数据类型 INTEGER

数据类型 INTEGER 表示所有正的和负的整数。整数只是引用了软件设计语言中的概念，在具体硬件实现时，整数是用 32 位的位向量（即二进制数数组）来实现的。为了节约硬件资源，在使用整数类型的数据时，常常限定数据的最大值，从而控制位向量的位数，达到节省硬件资源的目的。此类数据在赋值过程中，在赋值符号右侧直接写上整数数据即可，无须使用引号。此类数据的二进制位数取决于最大值的二进制表示情况。

（7）其他数据类型

除了上述的几种预定义类型外，数据类型 CHARACTER、NATURAL、POSITIVE、STRING 也是预定义数据类型，用户还可以定义自己所需的类型。用户自定义类型是 VHDL 语言的一大特色，是普通编程语言所不具备的。用户自定义类型大大增加了 VHDL 语言的适用范围。

用户自定义类型的语法为：

TYPE 数据类型名{,数据类型名}数据类型定义；

VHDL 常用的用户自定义类型如下：枚举类型；整数类型；数组类型；记录类型；记录集合；预先定义的 VHDL 数据类型；子类型。

4. 类型声明

类型声明定义了类型的名称和特征。任何一种对象，都需要有相应的类型与之对应。类型声明可在结构体、程序包、实体、块、进程以及子程序中使用。在块、进程和子程序中声明的类型是局部的，只能用于进行声明的块、进程或子程序中；在结构体中声明的类型在该结构体内是可用的；在实体中声明的类型的适用范围又大了些，可用于多个结构体；而在程序包中声明的类型可以应用到任何引用这个程序包的程序中。

5. VHDL 中的表达式

（1）运算符

在 VHDL 语言中，表达式通过将一个运算符应用于一个或多个操作数来完成算术或逻辑运算。其中运算符指明了要完成的运算；操作数是运算用的数据。表 11-1 列出了 VHDL 预定义的运算符及其含义。

① 逻辑运算符

一个逻辑运算符的操作数必须属于同一类型。逻辑操作符 and、or、nand、nor、xor 和 not 接受 BIT 型或 BOOLEAN 型的数据为操作数，也接受 BIT 或 BOOLEAN 型的一维数组为操作数。数组操作符必须具有同样的维数和大小。用于两个数组操作数的逻辑操作数，同样也可用于一对或多对数组的操作。

若在一个表达式中使用了多于两个的操作数，必须使用圆括号将这些操作数分组，以避免出现逻辑混乱。

② 关系运算符

关系运算符共有 6 种，可以用来比较具有相同类型的两个操作数，然后返回一个 BOOLEAN 值。IEEE VHDL 标准为所有类型的操作数都定义了等号"＝"、不等号"／＝"操作符。如果两个操作数代表了同一值,则它们是相等的。对于数组等类型,IEEE VHDL 标准通过比较操作数中相应的元素来获得结果。

表 11-1　VHDL 预定义运算符及其含义

运算符类型	运算符	含义	运算符类型	运算符	含义
乘除运算符	abs	取绝对值	关系运算	/=	不等
	* *	取幂		<	小于
	*	乘		<=	小于等于
	/	除		>	大于
	mod	取模		>=	大于等于
	rem	取余	逻辑运算	not	取反
一元正负运算	+	正		and	逻辑与
	—	负		or	逻辑或
加、减、合并运算	+	加		nand	逻辑与非
	—	减		nor	逻辑或非
	&	合并		xor	逻辑异或
关系运算	=	相等			

③ 加减运算符

加减运算符包含运算符“+”“—”和串联操作符“&”。

算术操作符“+”和“—”是为所有整数操作数预先定义的。串联操作符“&”是为所有一维数组操作数预先定义的。串联操作符通过连接运算符两边的操作数来建立一个新的数组,新的数组的位数是原来两个操作数位数之和。“&”的每个操作数都可以是一个数组或数组的一个元素。

④ 一元操作符

一元操作符是仅有一个操作数的操作符。VHDL 为所有整数类型预先定义了一元操作符“+”和“—”。

⑤ 乘除操作符

VHDL 为所有整数类型预先定义了乘除操作符(“ * ”“/”“mod”“rem”)。VHDL 对乘除操作符的右操作数所支持的数值附加了如下一些限制:

* ——整数乘;无限制。

/——整数除;右操作数必须为 2 的整正数次幂如 2、4、8、16 等。在实际的电路中该操作符用比特移位来实现。

Mod——取模;限制与整数除同。

Rem——求余;限制与整数除同。

(2) 操作数

操作数即运算符进行运算时所需的数据,操作数将其值传递给运算符来进行运算。

操作数有很多形式,最简单的操作数可以是一个数字,或者一个标识符,如一个变量或者信号名称。操作数本身也可以是一个表达式,通过圆括号将表达式括起来从而建立一个表达式操作数。操作数具体形式可以有如下情况:

标识符;集合;属性;表达式;函数调用;索引名;文字;限定表达式;记录和域;片段名;类型转化。

注意,并不是所有的运算符都能使用所给出的各种操作数,所能使用的操作数类型与具体的运算符相关。

11.2　VHDL 程序的基本结构

每一门高级程序设计语言都有其相对固定的程序结构,以使用户在不断变化的语法结构中掌握其设计梗概。VHDL 语言作为一门用来设计硬件电路的高级程序设计语言,与其他的设计语言一样具有相对固定的基本程序结构。本节简要介绍一下 VHDL 程序的基本结构。

例 11-1　带有使能端的 8-3 优先编码器设计。

```
library   ieee;                        ——程序包声明开始
use       ieee.std_logic_1164.all;  ——程序包声明结束
entity    en_name is                  ——实体声明开始
port(
        signal  y0,y1,y2,y3,y4,y5,y6,y7 : in   std_logic;
        signal  en : in  std_logic;
        signal  vec : out  std_logic_vector(2  downto  0)
    );
end  entity;  ——实体声明结束
architecture ar_name of en_name is——结构体声明开始
begin
    process(en,y0,y1,y2,y3,y4,y5,y6,y7)
    begin
        if(en = '1'  and  y7 = '1')then  vec< = "111";
        elsif(en = '1'  and  y6 = '1')then  vec< = "110";
        elsif(en = '1'  and  y5 = '1')then  vec< = "101";
        elsif(en = '1'  and  y4 = '1')then  vec< = "100";
        elsif(en = '1'  and  y3 = '1')then  vec< = "011";
        elsif(en = '1'  and  y2 = '1')then  vec< = "010";
        elsif(en = '1'  and  y1 = '1')then  vec< = "001";
        elsif(en = '1'  and  y0 = '1')then  vec< = "000";
        end if;
    end process;
end ar_name;  ——结构体声明结束
```

描述一个数字硬件系统的对外特性及其内部功能,是 VHDL 程序设计的主要任务。在 VHDL 中,数字系统的硬件抽象称为实体(Entity)。实体既可以单独存在,也可以作为另一个更大实体的一部分。而当一个实体成为另一个实体的一部分时,我们就把这个实体称为组件(Component)。

为了能够完整地实现一个硬件实体的设计,VHDL 程序必须包含三个最基本的方面:程序包(Package)声明;实体(Entity)声明;结构体(Architecture)。

11.2.1　程序包声明

程序包就是将声明收集起来的一个集合,提供给多个设计使用,支持这些设计完成基本功能。标准的程序包是非常通用的,在许多设计中都可以使用。

使用程序包时,需要使用两部分语句:第一是库声明部分,它是用关键字"library"标志的;第二是引用程序包部分,它是用关键字"use"标志的。使用 use 语句引用程序包,来允许实体使用程序包中的声明。

总结起来,程序包声明的语法结构如下:

LIBRARY 库名称;

USE 库名称.程序包名称.ALL;

[USE 库名称.程序包名称.ALL;]

[LIBRARY 库名称;

USE 库名称.程序包名称.ALL;]

Library 语句经常是程序包或实体声明的 VHDL 语言文件的第一条语句。在同一个VHDL 程序当中,可以拥有不止一个程序库、程序包,这些程序库、程序包的声明都需要在程序包声明部分完成。

11.2.2　实体声明

实体声明定义了一个设计模块的输入和输出端口,即模块的外特性。一个设计可以包括多个实体,处于最高层的实体模块称为顶层模块,而处于底层的各个实体,都将作为一个个组件,例化到高一层的实体中去。

在例 11-1 中,

"entity　　en_name is

  port(

      signal y0,y1,y2,y3,y4,y5,y6,y7:in std_logic;

      signal en:in std_logic;

      signal vec:out std_logic_vector(2 downto 0)

    );

 end entity;"

就是整个程序的实体声明部分。

其中,黑体字部分为固定的语法格式,标志着这一部分为实体声明部分,这些词就是VHDL 程序代码中的关键词;而"en_name"则是这个设计的名称,即实体名称;"port"及括在括号中的内容则是端口声明,它确定了输入和输出端口的数量及类型。

另外,由于设计中存在一些内部常数,尤其是在有多个实体构成的设计中,这种现象更为普遍。为了解决这种问题,在实体声明中还有另外的一部分与端口声明共同存在,这就是"类属声明"。类属声明用来确定实体或组件中定义的局部常数。

总结起来,实体声明语法结构如下:

```
ENTITY 实体名称 IS
[GENERIC(
            常数名称:类型[:=值]
            {;常数名称:类型[:=值]}
            );
]
PORT(
            端口名称:端口方式端口数据类型
            {;端口名称:端口方式端口数据类型}
            );
END  [ENTITY  实体名称];
```

端口声明部分是整个实体声明的核心,是描述设计对外特性的主要部分。所谓对外特性,就是从外观上看这个设计有多少组输入、多少组输出、每组各有多少数据线、每组各能传递哪种数据等。作为顶层设计,这个对外特性是进行硬件连接的指导;作为底层模块,这个对外特性是模块间相互连接的说明。

端口声明部分包括:端口名称、端口方式、端口数据类型。端口名称在命名时,只要符合标识符要求就可以。端口数据类型即为 VHDL 语言常见数据类型。端口方式则包括以下四种方式:in,输入型,表示这一端口为只读类型,程序由此部分获得外界数据;out,输出型,表示这一端口为只写类型,程序由此向外界传递数据;inout,输入输出型,既可读也可赋值,可读的是该端口的输入值,而不是内部赋给端口的值;buffer,缓冲型,与 out 相似但可读,读的值即内部赋的值,它只能有一个驱动的源。端口方式数据传输方向如图 11-1 所示。

在类属声明中,常数名称是类属常量的名称;类型是事先定义好的数据类型;值是可选的,一般为常数名称的默认值。

图 11-1 端口方式数据传输方向

需要强调的是,由于 VHDL 语言编译器的特殊需求,实体声明部分的实体名称必须作为程序的名称,否则编译系统将不能正确执行编译。换句话就是,例 11-1 在编辑结束后,进行保存时,程序文件的名称必须是“en_name”,否则编译系统将会报错,程序将不能被编译。

11.2.3 结构体

实体只描述了模块对外的特性,模块的具体实现或内部具体描述则由结构体来完成。两者之间的关系很像软件设计语言中函数声明与函数体之间的关系。

每个实体都有与其对应的结构体语句。它既可以是一个算法(一个进程中的一组顺序语句),也可以是一个结构网表(一组组件实例)。实际上,它们反映的是结构体的不同描述方式。

在例 11-1 中,

```
“architecture   ar_name   of en_name   is
 begin
     process(en,y0,y1,y2,y3,y4,y5,y6,y7)
     begin
         if(en = '1'  and  y7 = '1')then  vec< = "111";
```

```
            elsif(en = '1'  and  y6 = '1')then  vec< = "110";
            elsif(en = '1'  and  y5 = '1')then  vec< = "101";
            elsif(en = '1'  and  y4 = '1')then  vec< = "100";
            elsif(en = '1'  and  y3 = '1')then  vec< = "011";
            elsif(en = '1'  and  y2 = '1')then  vec< = "010";
            elsif(en = '1'  and  y1 = '1')then  vec< = "001";
            elsif(en = '1'  and  y0 = '1')then  vec< = "000";
            end if;
       end  process;
  end  ar_name ;"
```

就是整个设计中的结构体部分。

其中,黑体字部分为固定的语法格式,标志着这一部分是结构体部分,是整个设计功能的描述部分;"ar_name"是结构体的命名;构成结构体的语句部分统一称为并行描述语句,这些语句虽然是顺序书写的,但在形成硬件电路之后往往是并行执行的,所有语句的结果基本上是在一瞬间同时产生的。

总结起来,结构体最基本的语法结构如下:

ARCHITECTURE 结构体名称 OF 实体名称 IS
　〔信号、常量声明区〕
BEGIN
　〔并行描述语句〕
END 〔结构体名称〕;

其中,实体名称必须与对应的实体的名称相一致;结构体名称只要符合标识符定义要求即可;所有的信号和变量在信号、变量声明区进行声明。

注意,在结构体中,不能给常量或者信号定义与实体声明中任何实体端口相同的名称。如果以端口的名称命名常量或者信号,那么新的声明将会掩盖原来的端口名称。如果这个新的声明直接依赖于结构体声明且不在一个功能块中,一般编译器将会提示出错。

11.3　VHDL 的描述语句

VHDL 语言的描述语句分为两种:顺序描述语句和并行描述语句。

11.3.1　常用的顺序描述语句

顺序描述语句是 VHDL 程序执行的根本动力,是电路设计功能执行的基础。

1. 赋值语句

赋值语句用来为变量或信号赋值,是 VHDL 最基本的语法现象。

信号和变量赋值语句在概念上有着很大的差异。首先,信号和变量在接收所赋的值时,表现并不一样,差异在于两种赋值操作起作用的方式以及这种方式如何影响 VHDL 从变量或信号中读取的值。

变量赋值使用":="操作符(注意:冒号和等号要连在一起,中间不能有任何其他符号)。

当变量接收到所赋值时,从该时刻起赋值操作改变了变量值,其值保持到该变量获得另一个不同的值为止。变量是局部的,仅在进程或子程序中起作用,一旦离开其所在进程或子程序,变量获得的数据将不再有效。

信号赋值使用"＜＝"操作符(注意:小于号和等号要连在一起,中间不能有任何其他符号)。当信号接收到所赋的值时,赋值操作并不是立即生效,因为信号值由驱动该信号的进程(或其他并行语句)所决定。信号是全局的,在 VHDL 程序的所有进程或子程序中均起作用,但是仅能存在一个有效赋值进程或子程序,不能出现一个信号多个进程或子程序赋值的情况。

信号和变量对比如表 11-2 所示。

表 11-2　信号和变量对比总结

	信号	变量
赋值方式	＜＝	：＝
功能	电路单元间的互联	电路单元内部的操作
有效范围	整个系统,所有进程有效	所定义的进程内有效
行为	每个进程结束后更新数值	立即更新数值

赋值语句是 VHDL 最基本的语法现象,存在于 VHDL 程序的各个角落,因此有人把VHDL 语言称为"赋值语言"。

需要注意的是,在赋值语句中,赋值符号左右两侧的数据类型必须一致。

2. if 语句

if 语句执行一个序列的语句,其执行次序依赖于一个或多个条件的值。语法如下:

```
IF 条件 THEN
    {一组顺序语句}
[ELSIF 条件 THEN
    {一组顺序语句}
ELSE
    IF 条件 THEN
        {一组顺序语句}
    ELSE
        {一组顺序语句}
    END  IF;]
END  IF;
```

在 if 语句中,每个条件必须是一个布尔表达式;每个分支可有一个或多个顺序语句。if 语句按顺序计算每一个条件,只有第一个条件为真时才会执行该条件下的 if 语句的分支,并且跳过 if 语句的其余部分。如果没有值为真的条件,且存在 else 子句,那么这些 else 子句将被执;如果没有值为真的条件,并且不存在 else 子句,程序将不执行任何语句。

另外,if 语句的条件判断输出是布尔量,即"真"(true)或"假"(false),因此在 if 语句的条件表达式中只能使用关系运算操作(＝、/＝、＜、＞、＜＝、＞＝)及逻辑运算操作的组合表达式。

需要注意的是,在 if 语句中"else if"及"elsif"都可以出现,区别在于,"else if"需要对应一个独立的"end if",而"elsif"则不需要。

3. case 语句

case 语句依据单个表达式的值执行几条序列语句中的一条。语法如下:

```
CASE 表达式 IS
        WHEN 分支条件 =>  {一组顺序语句}
       [WHEN 分支条件 =>{一组顺序语句}
        WHEN   OTHERS        =>{一组顺序语句}]
END CASE;
```

case 语句的表达式求值结果必须是一个整型、一个枚举型或者一个枚举类型的数组。分支条件必须是一个静态表达式或是一个静态范围。分支选择的表达式的类型决定每个选项的类型。所有的分支选择表达式的结果综合起来,必须包括分支选择表达式类型范围内的每个可能取值,如果存在没有满足的条件,必须将最后的一个分支条件语句设为 others,它与所有表达式类型范围内的剩余(未选择)值相匹配。

程序执行时,case 语句首先求得表达式的值,然后将该值与每个选项值相对比,最后执行匹配选项值的 when 子句。

case 语句的分支条件具有两点限制:第一,两个分支条件不能重叠;第二,如果没有 others 分支条件存在,选项集合必须覆盖表达式所有可能的值。

为了设计和表述的方便,当表达式的计算结果为整型数据时,若输入值在某一个连续范围内,其对应的输出值是相同的,此时使用 case 语句时,在 when 后面可以用"to"来表示一个取值的范围。

需要注意的是,when 后面跟的"=>"符号不是关系运算操作符,它在这里仅仅用来描述值和对应执行语句的对应关系,是一个连接符号,不代表任何真正的含义。

4. loop 语句

loop 语句与其他高级语言中的循环语句一样,使程序进行有规律的循环,循环的次数受迭代算法控制。在 VHDL 语言中 loop 语句常用来描述位与逻辑,用于迭代电路的行为。语法如下:

```
[标记:][循环方式] LOOP
              {一组顺序语句}
        {NEXT [标记] [WHEN 条件];}
        {EXIT [标记] [WHEN 条件];}
     END LOOP [标记];
```

其中,标记(Label)是 loop 的名称,可选,在建立嵌套 loop 时使用;循环方式,有 3 种类型:loop、while…loop 以及 for…loop;next 和 exit 语句是仅用在 loop 内的顺序描述语句;next 语句跳过当前 loop 的剩余部分,继续执行下一个 loop 循环;exit 语句跳过当前 loop 的剩余部分,接着执行当前 loop 后的第一条语句。

(1)基本 loop 语句

基本 loop 语句没有循环方式这一部分,重复执行 loop 循环内的语句,直至遇到一条 next 或 exit 语句。具体语法形式如下:

```
[标记:] LOOP
              {一组顺序语句}
     END LOOP [标记];
```

（2）while…loop 语句

while…loop 语句用一个布尔表达式作为循环方式。如果循环条件为真,执行一次循环体内的语句;然后再对循环条件求值。只要循环条件保持为 true,就会重复执行 loop 体。当循环条件求值为 false 时,则跳过 loop 体,接着执行下一个 loop 循环。语法形式如下:

```
[标记:] WHILE 条件 LOOP
        {一组顺序语句}
     END LOOP [标记];
```

（3）for…loop 语句

for…loop 语句有一个整数范围作为循环方式。整数的取值范围决定了循环的次数,其语法如下:

```
[标记:] FOR 标志符 IN 范围 LOOP
        {一组顺序语句}
END LOOP [标记];
```

1）标记是 loop 的名称,可选。

2）标识符对 for…loop 语句来说是有的。标志符不需在别处声明,loop 本身自动声明了它,且对 loop 来说是局部的。一个 loop 标志符覆盖掉了任何其他在 loop 循环体内的同名的标志符。标志符值只在其 loop 体内可读,即标志符不存在于 loop 外,对外界不可见。另外,无法对 loop 标志符进行赋值。

3）范围必须是可计算的整数范围。可以有两种形式,"整数表达式 to 整数表达式"和"整数表达式 downto 整数表达式"。

4）for…loop 语句按如下步骤执行:

① 一个新的整数变量(对 loop 是局部的)随着名称标志符而被声明;

② 标志符接收范围内的一个值,loop 体内的顺序语句执行一次;

③ 标志符接收范围内的下一个值,loop 体内的顺序语句又执行一次;

④ 重复第③步直到标志符接收到范围内的最后一个值,然后 loop 体内的顺序语句执行最后一次,最后执行 end loop 后的语句,此时 loop 语句就不可访问了。

（4）next 语句

在 loop 语句中 next 语句可用来跳出当前循环,语法为:

NEXT [标记] [WHEN 条件];

（5）exit 语句

exit 语句用来结束 loop 语句的执行。如果语句中包含条件,那么在条件满足时,才可结束 loop 语句的执行。其语法如下:

EXIT [标记] [WHEN 条件];

如果 exit 后面没有标记和[when 条件],那么程序执行到该语句时就无条件地从 loop 语句中跳出,结束循环状态,继续执行 loop 语句后继的语句。

需要注意的是,loop 语句容易引起程序的无限循环,即常说的死循环,这种循环会造成硬件电路的温升加剧,甚至导致硬件设备的损坏。为避免此种情况的出现,在实际应用中一定要确定循环出口,或者采用其他触发方式强行退出循环次数较多的循环体。

5. wait 语句

进程在仿真运行中总是处于执行或挂起两种状态之一。进程状态的变化受等待语句的控制,当进程执行到等待语句时,就挂起,并设置好再次执行的条件。wait 语句可以设置无限等待、时间到、条件满足和敏感信号量变化 4 种不同的条件。这几类条件可以混用,其语法如下:

WAIT　　　　——无限等待

WAIT FOR　　——时间到

WAIT UNTIL　——条件满足

WAIT ON　　 ——敏感信号量变化

其中,除 wait 外后面几个只能接单比特的 std_logic 型信号,而不能使用数组型。

如果一个进程没有 wait 语句,那么该进程在综合时用的是时序逻辑,进程只在每次指定的时钟沿(正时钟沿或负时钟沿)到达时执行一次计算,保存这些计算结果直到下一个时钟沿来临,才把结果存储到触发器中。存储在触发器中的值可以是以下几种情况之一:进程驱动的信号;静态数组值;在设置之前可读的变量。

在时序逻辑设计时经常用到的是上升沿、下降沿以及电平触发,表 11-3 以信号 clock 为例,显示一般的触发写法。

表 11-3　信号的边沿/电平触发表示方法

触发方式	时序波形	语法表示
上升沿		Wait for clock'event and clock='1'; …… 或者 if (clock'event and clock='1') then ……
下降沿		Wait for clock'event and clock='0'; …… 或者 if (clock'event and clock='0') then ……
电平触发 (以高电平触发为例)		Wait for clock='1'; …… 或者 if clock='1' then ……

6. null 语句

null 语句不需要进行任何操作,且它经常用在 case 语句中,因为必须覆盖所有条件分支,因此对不需要操作的一些条件就需要使用 null 语句。语法如下:

NULL;

11.3.2　常用的并行描述语句

并行描述语句构成 VHDL 程序的各个功能模块,构成程序的框架。

1. 进程 process 语句

进程语句 process 是并行描述语句,但它本身却包含一系列顺序描述语句。尽管设计中的所有进程同时执行,但每个进程中的顺序描述语句却是按顺序执行的。

进程与设计中的其他部分的通信是通过从进程外的信号或端口中读取或写入值来完成

的。在每个 process 进程中,信号仍然按照顺序语句传递,但最终传递信号内容是在 end process 语句执行的瞬间进行的。进程语句的语法如下:

［标记:］process ［(敏感信号表)］

　　　　{变量声明区}

　　　　begin

　　　　{顺序描述语句}

　　　　end process ［标记］;

其中,标记(可选)是该进程的名称(主要是在多进程设计中便于相互区分);敏感信号表是进程要读取的所有敏感信号(包括端口)的列表。

所谓进程对信号敏感,就是指当这个信号发生变化时,能触发进程中语句的执行。一般综合后的电路需对所有进程要读取的信号敏感,为了保证 VHDL 仿真器和综合后的电路具有相同的结果,进程敏感信号表就得包括所有对进程产生作用的信号。

进程中所使用的变量都要在变量声明区进行声明,变量在遇到"end process;"时,失去效力。

需要注意的是,对于同一个信号而言,只能有一个进程对其进行赋值,其他的进程仅能对其进行调用,不能再一次赋值。

2. 组件例化语句

前面我们提到一个实体作为另一个实体的一部分时,就称其为组件。组件可以在结构体、程序包等部分中进行声明。但需要注意,结构体或程序包定义语句中的任一组件声明都必须对应于一个实体,即每一组件都必须是一个已声明实体的例化。

组件声明语句语法如下:

COPONENT 标志

　　　［GENERIC　(类属声明);］

　　　［PORT　(端口声明);］

END COPONENT;

其中,标志是该组件的名称;类属声明确定用来限定组件大小或者定时的局部常量;端口声明确定输入输出端口的宽度和类型。组件声明格式上可看作与组件对应的实体的实体声明的一种变化形式。

组件例化语句语法如下:

实体名称:组件名称

　　　［GENERIC MAP(类属名称 =＞表达式

　　　　　　{,类属名称 =＞表达式}

　　　　　　)］

　　　PORT MAP(

　　　　　　［端口名称 =＞]表达式

　　　　　　{,［端口名称 =＞]表达式}

　　　　　　);

组件的例化过程,实际上就是把具体组件安装到高层设计实体内部的过程。包括具体端口的映射与类属参数值的传递。在这一过程中,需要注意端口类型与宽度大小的一致性和类属参数类型的一致性。

VHDL 语言利用下列两个规则来选择具体哪一个实体及其对应的结构体与一个组件实例相关。

（1）任一组件声明必须有一个实体，可以是一个 VHDL 实体，也可以是其他来源格式（如 EDIF）的设计实体，或者是一个库组件中具有相同名称的一个实体。该实体应用于每个与组件声明相关的组件实例。

（2）一个 VHDL 实体只能有一个与之相关的结构体。如果存在多个结构体，必须通过配置确定与实体相关的唯一的一个结构体。

组件例化的过程主要包括以下两步：

（1）映射类属值

当使用类属参数例化组件时，可以将参数映射成具体的值。类属参数可以有默认值，这时例化是可以不映射类属，直接采用默认值。如果类属参数没有默认值，那么在例化时必须赋给它类属参数映射值。

（2）映射端口连接

——端口映射将组件端口映射成实际的信号。在组件例化语句中可以使用名称关联或者位置关联来指明端口连接。

① 用名称关联鉴别组件的特定端口。端口名称＝＞结构体确定了端口。

② 用位置关联将组件端口表达式以已经声明的端口顺序列出来。

11.4　VHDL 例程分析

11.4.1　异步清零边沿 D 触发器(上升沿触发)设计

例 11-2　异步清零边沿 D 触发器。

```
(1) library   ieee;
(2) use          ieee.std_logic_1164.all;
(3) entity   dff_v  is
(4) port(
(5)      clr,clk,d: in std_logic;
(6)      q: out std_logic
(7)      );
(8) end entity;
(9) architecture  dff_mine  of  dff_v  is
(10)     signalsig: std_logic;
(11) begin
(12)        process(clk,clr)
(13)        begin
(14)            if  (clr = '1')then
(15)                sig< = '0';
(16)            elsif(clk'event  and  clk = '1')then
```

```
(17)              sig< = d;
(18)              end if;
(19)              q< = sig;
(20)          end   process;
(21) end dff_mine;
```

1. 浅析

第(1)行,声明了所使用的库文件 ieee;

第(2)行,声明了所使用的程序包 ieee. std_logic_1164. all;

第(3)行,这是实体声明的开端,这个实体命名为 dff_v;

第(4)行,这是实体中各端口声明的开端;

第(5)行,声明了三个信号 clr、clk、d,它们都是 std_logic 型的输入信号;

第(6)行,声明了一个信号 q,它是 std_logic 型的输出信号;

第(8)行,标志实体声明结束;

第(9)行,设计的结构体部分的开端,结构体是用来描述 dff_v 型实体的行为的;

第(10)行,定义了一个内部的信号 sig,其类型也是 std_logic;

第(11)行,标志结构体内部描述的开始;

第(12)行,process 并行语句,用来描述结构体的行为。它有 clr 和 clk 两个敏感信号;

第(13)行,process 进程开始;

第(14)行,if 语句,用来执行异步清零的功能,只要 clr 出现高电平,整个电路就清零;

第(15)行,实现电路清零操作;

第(16)行,if 语句分句,检验 clk 是否跳变,如果跳变,是否为'1',条件都满足就执行下面的语句;

第(17)行,执行赋值语句,将端口信号读入;

第(18)行,if 语句结束标志;

第(19)行,向输出端口送数据;

第(20)行,process 进程结束标志;

第(21)行,结构体结束标志。

2. 程序执行过程

程序代码从第(14)行开始执行。

判断 clr 是否为'1'(高电平),如果是则执行"sig<='0';"语句,使 sig 获得'0'(低电平);如果不是则执行"elsif(clk'event and clk='1')then"语句,判断是否出现 clk 的上升沿,如果是则执行"sig<=d;",使 sig 获得输入 d 的值;如果没出现 clk 的上升沿则什么都不做;将 sig 获得的数据传递给输出 q。至此,程序执行完一次,当 clk、clr 有变化时,程序继续重复一遍。

11.4.2 带使能端的二选一8位选择器设计

例 11-3 带时能端的二选一8位选择器。

```
(1) library   ieee;
(2) use          ieee. std_logic_1164. all;
(3) entity   tow_sw_one_8is
(4) port(
```

（5）　　　　en,sw:in std_logic;

（6）　　　　data1,data2:in std_logic_vector(0　to　7);

（7）　　　　pout:out std_logic_vector(0　to　7)

　　　　);

（8）end　　entity;

（9）architecture mine　　of　tow_sw_one_8　is

（10）signal　sig:std_logic_vector(0　to　7);

（11）begin

（12）　　　process(en,sw)

（13）　　　begin

（14）　　　　　if (en＝'1') then

（15）　　　　　　if (sw＝'1') then

（16）　　　　　　　sig＜＝data1;

（17）　　　　　　else sig＜＝data2;

（18）　　　　　　end if;

（19）　　　　　else sig＜＝"00000000";

（20）　　　　　end if;

（21）　　　　pout＜＝sig;

（22）　　　end process;

（23）end mine;

1. 浅析

第（1）行,声明了所使用的库文件;

第（2）行,声明了所使用的程序包;

第（3）行,这是实体声明的开端,这个实体命名为 tow_sw_one_8;

第（4）行,这是实体中各端口声明的开端;

第（5）行,声明了两个信号 en、sw,它们都是 std_logic 型的输入信号;

第（6）行,声明了两组信号 data1、data2,它是 std_logic_vector 型的输入信号,是输出信号的源,每一组信号的宽度为 0～7,即 8 比特位宽;

第（7）行,声明了一组输出信号 pout,其类型也是 std_logic_vector,宽度与 data1 和 data2 一样;

第（8）行,标志实体声明结束;

第（9）行,这是这一设计的结构体部分的开端,这个结构体是用来描述 tow_sw_one_8 型实体的行为的;

第（10）行,定义了一个内部的信号 sig,其类型也是 std_logicc_vector;

第（11）行,标志结构体内部描述的开始;

第（12）行,process 并行语句,用来描述结构体的行为。它有 sw 和 en 两个敏感信号;

第（13）行,process 进程开始;

第（14）行,if 语句,用来判别整个电路是否工作的,只要 en 保持高电平,整个电路就开始工作;

第（15）行,if 语句子语句,用 if 再次判别电路的工作状况,当 sw 为高电平时选择第一组数据输出；

第(16)行,将第一组数据传给内部信号 sig；

第(17)行,if 语句子句的分句,将第二组数据传给内部信号 sig；

第(18)行,if 语句子句结束标志；

第(19)行,if 语句分句,在不符合条件时,将零送出端口；

第(20)行,if 语句结束标志；

第(21)行,向输出端口送数据；

第(22)行,process 进程结束标志；

第(23)行,结构体结束标志。

2. 程序执行过程

程序代码从第(14)行开始执行。

判断 en 是否为'1',如果是则执行"if (sw＝'1') then"语句,判断 sw 是否为'1',如果是'1',则将 data1 的数据传递给 sig,如果不是则将 data2 的数据传递给 sig；如果 en 不是'1',则将 sig 清零。最后将 sig 获得的数据传递给输出 pout。至此,程序执行完一次。虽然 data1、data2 没有出现在敏感信号列表当中,但是它们的变化同样会引起程序的执行,在较高级一些的编译软件中,data1 和 data2 同样要求写在敏感信号列表当中,否则将会提示警告。

复习思考题

1. VHDL 语言特性有哪些?

2. 在 VHDL 语言中,数据对象有哪些? 分别用哪些关键词声明?

3. 在 VHDL 语言中,程序的基本结构有哪些? 各部分的具体语法形式如何?

4. 在 VHDL 语言中,端口类型有哪些? 分别用哪些关键词声明?

5. 在 VHDL 语言中,描述语句如何分类? 相互间有什么区别?

6. 在 VHDL 语言中,信号的边沿触发方式有哪些? 用 if 语句如何实现?

## 第12章

EL教学实验系统

12.1 教学实验系统概述

EL 教学实验系统是数字电路和模拟电路混合可编程器件实验开发系统,适用于数字电路设计 FPGA/CPLD 控制系统、MCU 控制系统和模拟电路设计。FPGA 控制系统核心芯片采用世界上最大的电子芯片厂商 Altera 公司的产品,兼容其他公司 Lattice、Xilinx、Actel 的 FPGA/CPLD 芯片,能够满足现代电子技术 EDA 教学和数字电路实验课程的要求;该系统提供丰富的功能单元和可搭接的接口,易于设计出超出教学大纲要求的复杂性综合实验。MCU 控制系统核心芯片采用 Atmel 公司生产的 AT89 系列单片机,能够完成基本的 8 位单片机实验。模拟电路部分以 Litice 公司出品的 ispPAC 为核心,完成多种功能的模拟电路编程、搭建实验。

实验系统的结构如图 12-1 所示。

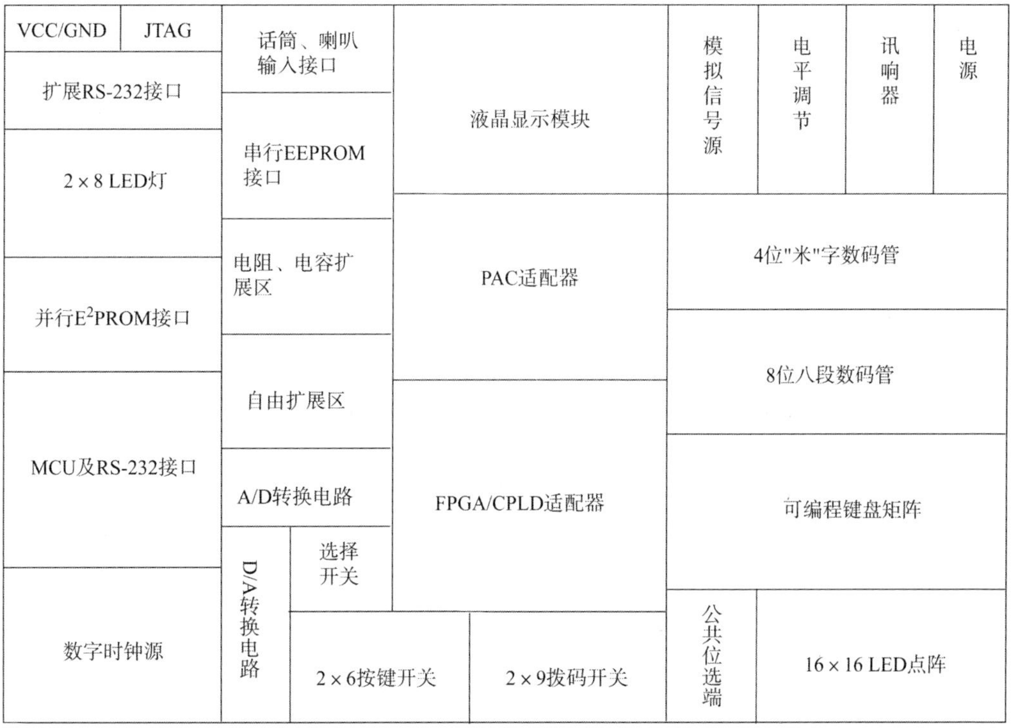

VCC/GND	JTAG	话筒、喇叭输入接口	液晶显示模块	模拟信号源	电平调节	讯响器	电源
扩展RS-232接口							
2×8 LED灯		串行EEPROM接口					
		电阻、电容扩展区	PAC适配器	4位"米"字数码管			
并行E²PROM接口							
		自由扩展区		8位八段数码管			
MCU及RS-232接口		A/D转换电路	FPGA/CPLD适配器	可编程键盘矩阵			
		D/A转换电路 / 选择开关					
数字时钟源		2×6按键开关	2×9拨码开关	公共位选端	16×16 LED点阵		

图 12-1 EL 教学实验系统组成模块

EL 教学实验系统分为数字电路、模拟电路、电源及其他三个主要部分。

12.2　数字电路模块

数字电路模块包括三个部分,分别为 FPGA/CPLD 适配器模块;单片机最小系统;常用数字电路外设。

12.2.1　FPGA/CPLD 适配器模块

FPGA/CPLD 适配器是是用于数字电路仿真实验的关键部件,如图 12-2 所示。

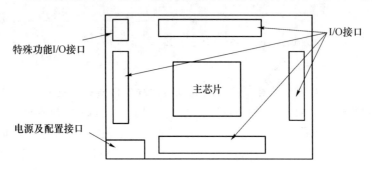

图 12-2　FPGA/CPLD 适配器模块

EL 教学实验系统采用 Altera 公司生产的 FLEX10K 系列 EPF10K10LC84-4 型 FPGA 作为 FPGA 适配器主芯片。EPF10K10LC84-4 型 FPGA 采用 SRAM 结构,不具备掉电保护功能,因此每次掉电之后,需要重新对其进行配置,才能继续工作。

EPF10K10LC84-4 型 FPGA 共有 84 根外接引线,在使用过程中只用到了在芯片视图上标有 I/O 类型的引线。为了便于使用,四条特殊功能引线已被引出到适配器电路板左上角的位置,如图 12-2 所示。这些特殊功能引线与电路板上的标记对应关系为:CLK0 对应 1 引线;CLK1 对应 43 引线;OE 对应 83 引线;CLRN 对应 3 引线。在实际应用中,CLK0、CLK1 常为全局性时钟信号的输入端使用;OE 作为全局性使能控制的输入端使用;CLRN 作为全局性清零功能的输入端使用。另外,EPF10K10LC84-4 型 FPGA 还具有 4 条专用的输入引线,分别是:第 2 引线、第 42 引线、第 44 引线、第 84 引线。这些引线在使用过程中只能作为输入使用,不能作为输出、缓冲、双向引线使用。

FPGA/CPLD 适配器采用了 JTAG(边界扫描)技术作为数据传输方式,通过 DIGITAL JTAG 接口(在教学实验系统左上角)与计算机的并行(或称打印机)端口连接,通过计算机输出的信息对 FPGA/CPLD 适配器进行配置/编程。

在使用过程中,通过 MAX＋PLUS Ⅱ 软件设计的内容全部写入(配置/编程)到 FPGA/CPLD 适配器主芯片中,而芯片的外接引线上就会相应体现出设计的各个端口情况;在硬件连线过程中,作为输入端口需要用导线连接如拨动(码)开关、时钟源等输入型外围部件(数字外设),作为输出端口则需要用导线连接 LED、数码管等输出型外围部件。

12.2.2　单片机最小系统

单片机最小系统一般认为有两种构成方式:其一是由一片具有存储功能的单片机 CPU

自身构成;其二是由一片单片机 CPU 以及存储芯片构成。在 EL 教学实验系统中,起到单片机 CPU 作用的是标有 AT89C51 的芯片。这是一款由 Ateml 公司生产的具有 2KB FLASH RAM 存储器的 CMOS 工艺的单片机,其自身或与 AT28C64(Ateml 公司生产的 8KB 程序存储器)芯片构成了单片机最小系统。对应端口如下:

P0 口:P00～P07,常作为数据接口或地址总线的低 8 位接口;

P1 口:P10～P17;

P2 口:P20～P27,常作为地址总线的高 8 位接口;

P3 口:P30～P37,同时还对应 RXD、TXD、INT0、INT1、T0、T1、/RD、/WR;

RESET:复位信号输入;

ALE:数据锁存信号输出;

PSEN:编程信号输出。

单片机最小系统是目前较为常见的微控制系统,具有代码编写容易、硬件成本低、结构简单、工作可靠性强、外围扩展方便等优点。

12.2.3　常用数字电路外设

1. 显示部件

显示部件是将电子信号转换成光电信号的部件,是电子系统提供给用户的信息界面,用户通过这个界面了解系统的运行状态。

(1) 16 支 LED(Light Emit Device,发光二极管)

LED 是目前使用最为广泛的视觉指示器件,也是目前视觉指示器件中最为基础的一种。每一支 LED 实际上就是一支二极管,利用二极管自身的单向导电性进行亮灭控制,实现指示功能。当有若干支 LED 构成到一起的时候,就可以具有较丰富的指示功能,如作为工作状态指示、二进制数据表示等。

如图 12-1 所示,在 EL 教学实验系统左侧偏上的位置是 16 支分成两排的 LED 显示模块。这些 LED 常用来观察 FPGA/CPLD 适配器各个 I/O 引脚的输出状态,也用来进行二进制计数。当这些 LED 作为二进制数计数显示时,必须注意数据的数位关系,应符合"左高右低"的基本计数原则,即左侧是数据的最高数位,右侧是数据的最低数位。

(2) 8 位八段数码管显示模块

由于 LED 在使用过程中不便于显示一些具有一定数字特性的内容,为了弥补这一缺点,制作出将若干个 LED 集成到一起,并可以直接显示数字的发光指示器件,即数码管。

八段数码管也称"8"字数码管。有些数码管没有"dp"(小数点)引线,则称为七段数码管,实际上也属于这一类的数码管。

八段数码管按照能显示"8"字的多少,可分为 1 位、2 位、3 位、4 位等;按照公共端连接情况,可分为共阴极、共阳极两种;按照发光颜色,可分为红色、绿色、蓝色、白色等。

每支"8"字数码管包括两组输入端:字段输入端、位选输入端。其中,字段输入端是数码管的显示控制端,用来控制数码管完成字符的显示;位选输入端是数码管的公共端(com),用来控制数码管是否工作。如图 12-3 所示为每支数码管字段及引脚分布结构。

数码管在显示过程中,控制器采用静态控制方式或动态控制方式。

静态控制是指控制器将控制数据放置到数码管的字段和位选端口后,不再更改数据,使控制信息始终保留在数码管的外部接口上。这种控制方式具有显示稳定、清晰、软件编写简单等

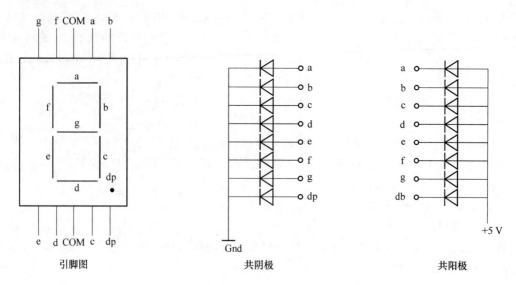

图 12-3　八段数码管字段结构

优点,但是其严重占用控制器外部端口却是明显的缺点。

动态控制是指控制器采用高速刷屏的方式,不停地向数码管发送显示和位选信息,从而利用人眼的视觉惰性——这也是目前大多数显示器采用的工作基础——实现显示。在工作过程中,控制器首先向数码管发送位选信息,选中某一位数码管;然后发送这一位的字段信息,控制各个字段进行字符显示;接着再发送另一位的位选信息,发送另一位的字段信息;如此周而复始,控制器不停对数码管发送位选、字段信息,从而完成显示。

如图 12-1 所示,在 EL 教学实验系统的右侧中间部位是 8 位八段数码管显示模块。EL 教学实验系统中采用了 2 组共阴极 4 位数码管构成了 8 位数码管显示模块。本模块共有 11 个输入端口:8 个字段信号输入端口,标有 a、b、c、d、e、f、g、dp;3 个位选信号输入口,标有 sel2、sel1、sel0。其中,sel2、sel1、sel0 位于 16×16 点阵模块区左侧的公共位选端,经 3-8 线(实验系统中采用 4-16线)译码器及电流驱动电路后送给数码管作位选信号,其对应关系如表 12-1 所示。

表 12-1　八段数码管位选控制

接口名称			数码管状态
SEL2	SEL1	SEL0	
1	1	1	从右数第 8 片被选中
1	1	0	从右数第 7 片被选中
1	0	1	从右数第 6 片被选中
1	0	0	从右数第 5 片被选中
0	1	1	从右数第 4 片被选中
0	1	0	从右数第 3 片被选中
0	0	1	从右数第 2 片被选中
0	0	0	从右数第 1 片被选中

(3) 4 位"米"字数码管显示模块

"米"字数码管在结构、工作原理、使用方法上与八段数码管完全相同,只是显示的字符信息量要比八段数码管多一些,但其占用接口数量也很多,目前不是非常常见。

如图 12-1 所示,在 EL 教学实验系统的右侧偏上位置是 4 位"米"字数码管显示模块。本模块所采用的"米"字数码管同样为共阴极数码管。输入口共有 21 个,分别为 17 个字段选择信号输入口 A1、A2、B、C、D1、D2、E、F、G、H、J、K、M、N、O、P、DP 和 4 个位选信号输入口 SEL3、SEL2、SEL1、SEL0。

图 12-4 米字数码管外观

其中,SEL3、SEL2、SEL1、SEL0 独立出现在米字数码管模块区内,不与其他模块共用。SEL0 对应右数第 4 位的数码管,SEL1 对应右数第 3 位的数码管,SEL2 对应右数第 2 位的数码管,SEL3 对应右数第 1 位的数码管。每支米字数码管外观图如图 12-4 所示。

(4)16x16 型 LED 点阵模块

LED 点阵,即由许多个 LED 组成的一个阵列,是 LED 点阵式显示屏的基础部件,能够显示文字、字符、图形等多种内容。这里所说的 16x16 是指该点阵由 16x16 个 LED 组成。

在工作过程中,LED 点阵的列选信号 SEL3～SEL0(这里的 SEL2～SEL0 是与八段数码管共用的)——与前述的位选作用一样——经 4-16 线译码器译码后送出,用于点阵的列控制;行信号为 L15～L0,用于控制每一行的信息。LED 点阵工作原理与数码管动态显示一样,工作的时候,整个点阵模块受到外界的控制,当控制信号中的列选信号选中某一列时,相应地在行信号中就送来所要显示的信息,即高低电平的组合;当转换到下一列时,就会有不同内容的行信号送到,驱动电路工作。为了使整个的模块看起来在同时工作,选用较高频率的列选控制信号,在连续地将不同列的信息发送至 LED 点阵。点阵显示接口对应关系如表 12-2 所示。

表 12-2 点阵显示接口对应关系

SEL3	SEL2	SEL1	SEL0	点亮序号
1	1	1	1	从右数第 1 列
1	1	1	0	从右数第 2 列
1	1	0	1	从右数第 3 列
1	1	0	0	从右数第 4 列
1	0	1	1	从右数第 5 列
1	0	1	0	从右数第 6 列
1	0	0	1	从右数第 7 列
1	0	0	0	从右数第 8 列
0	1	1	1	从右数第 9 列
0	1	1	0	从右数第 10 列
0	1	0	1	从右数第 11 列
0	1	0	0	从右数第 12 列
0	0	1	1	从右数第 13 列
0	0	1	0	从右数第 14 列
0	0	0	1	从右数第 15 列
0	0	0	0	从右数第 16 列

（5）128×32 液晶显示模块

EL 教学实验系统的液晶显示模块由 OCMJ 系列 B 型液晶模块及其外围电路构成。

OCMJ 系列 B 型（改进型）中文液晶显示模块可实现一般的点阵图形液晶显示模块功能，具有上/下/左/右整屏移动显示屏幕及整屏清除屏幕、光标显示、反白等操作命令。提供有位点阵和字节点阵两种图形显示方式，用户可在指定的屏幕位置上以点为单位或以字节为单位（横向）进行图形显示操作，完全兼容一般的点阵图形液晶显示模块的功能。

OCMJ 系列 B 型（改进型）中文液晶显示模块可以实现汉字、ASCII 码、点阵图形和变化曲线的同屏显示，并可通过字节点阵图形方式造字，广泛用于各种仪器仪表、家用电器上作为显示器件。模块本身自带上电低电平复位的阻容复位回路，上电复位后可自动进行初始化设置，同时在接口提供一复位引脚，可提供用户进行软件复位控制或硬件复位控制。简单的 13 个用户接口命令代码，非常容易记忆。标准用户硬件接口采用 REQ/BUSY 握手通信协议，简单可靠。

接口协议为请求/应答（REQ/BUSY）握手方式。应答 BUSY 高电平（BUSY ＝1）表示 OCMJ 忙于内部处理，不能接收用户命令；BUSY 低电平（BUSY ＝0）表示 OCMJ 空闲，等待接收用户命令。发送命令到 OCMJ 可在 BUSY ＝0 后的任意时刻开始，先把用户命令的当前字节放到数据线上，接着发高电平 REQ 信号（REQ ＝1）通知 OCMJ 请求处理当前数据线上的命令或数据。OCMJ 模块在收到外部的 REQ 高电平信号后立即读取数据线上的命令或数据，同时将应答线 BUSY 变为高电平，表明模块已收到数据并正在忙于对此数据的内部处理，此时，用户对模块的写操作已经完成，用户可以撤销数据线上的信号并可作模块显示以外的其他工作，也可不断地查询应答线 BUSY 是否为低（BUSY ＝0?），如果 BUSY ＝0，表明模块对用户的写操作已经执行完毕。可以再送下一个数据。如向模块发出一个完整的显示汉字的命令，包括坐标及汉字代码在内共需 5 个字节，模块在接收到最后一个字节后才开始执行整个命令的内部操作，因此，最后一个字节的应答 BUSY 高电平（BUSY＝1）持续时间较长，具体的时序图如图 12-5 所示。

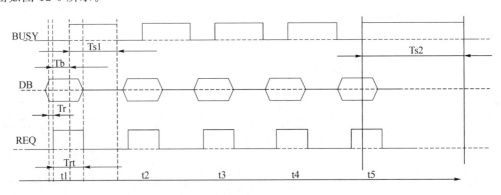

图 12-5　OCMJ 系列 B 型液晶模块工作时序

2. 键输入模块

（1）键盘模块

矩阵式键盘是目前最为常见的输入部件之一。如图 12-1 所示，EL 教学实验系统的右侧中间偏下的位置是矩阵式键盘模块。本模块为 4×8 键盘，模块接口包括 KIN3～KIN0 四个行输出接口和 SEL2～SEL0 三个列选输入接口，采用逐行扫描的方式进行按键判别，并根据这种扫描得到的键值定义不同的操作，以提供不同的功能。

矩阵式键盘模块的控制软件包括两个主要方面:第一,列信息输出控制;第二,行信息回读控制。软件不断向键盘模块发送列扫描信息,选中各个按键列;列扫描信息发出的同时,软件还需要时时回读按键行信息,以及时确定是否有键按下;当有键按下时,软件将输出的列信息与回读的行信息进行编码,并传送给键值处理软件。

(2) 12 支独立按键输入模块

按键开关常用于启动或停止电路的工作。按键开关弹起时为高电平,按下时为低电平。输出口最左边对应开关 K1,最右边对应开关 K12。按键开关提供的是高低电平转换时的上升沿、下降沿信号。当按键从高电平到低电平时,提供的是负脉冲;当按键从低电平到高电平时,提供的是正脉冲。

(3) 18 支拨动(码)开关输入模块

拨动开关的作用与按键一样,都是控制电路启动或停止的。输出口最左边对应开关 D17,最右边对应开关 D0。拨动开关提供的是持续的高、低电平信号。拨动开关拨向下方时为低电平,拨向上方时为高电平。

如图 12-1 所示,在 EL 教学实验系统的中部偏下的右侧是 18 支拨动开关输入模块。在实验过程中,这些拨动开关常用来作为系统状态输入量使用。同时,这些拨动开关也可作为一组二进制数的输入控制,此时,这些拨动开关代表一定的数位关系,为了明确这个关系,同样需要遵循"左高右低"的计数原则。

3. 数字时钟源模块

如图 12-1 所示,EL 教学实验系统的左下角是数字时钟源模块。数字时钟源由 20 M 有源石英晶体振荡器、74LS393 及 11 组跳线构成,可产生 1.2 Hz～20 MHz 之间若干个频率的方波信号。整个信号源共有六个输出口(CLK5～CLK0),每个输出口输出的频率范围各不相同,通过 JP1～JP11 这 11 组跳线来完成设置,同时可以根据跳线所在位置计算出输出信号的频率。

由于 CLK5 输出口的频率通过调整跳线帽在跳线 JP1(F_SEL1)、JP2(F_SEL2)、JP3(F_SEL3)、JP4(F_SEL4)、JP5(F_SEL5)及 JP6(CLK5)上的位置来设置,因此输出频率对应的关系为:

$$f_{clk5} = 20 \text{ MHz} \times F\_SEL1 \times F\_SEL2 \times F\_SEL3 \times F\_SEL4 \times F\_SEL5 \times CLK5$$

式中,F_SEL1、F_SEL2、F_SEL3、F_SEL4、F_SEL5、CLK5 是指对应位置跳线帽所在处的数据(1/2、1/4、1/8、1/16)。

其他时钟输出端对应跳线关系如下。

CLK4 有关跳线:JP1、JP2、JP3、JP4 及 JP11;

CLK3 有关跳线:JP1、JP2、JP3 及 JP10;

CLK2 有关跳线:JP1、JP2 及 JP9;

CLK1 有关跳线:JP1 及 JP8;

CLK0 有关跳线:JP7。

时钟信号时时序逻辑的基础,是指具有固定周期并独立运行的信号,用于决定逻辑单元中的状态何时更新。

时钟信号触发有电平触发和边沿触发两种形式。

在边沿触发机制中,只有上升沿或下降沿才是有效信号,才能控制逻辑单元状态量的改变。至于到底是上升沿还是下降沿作为有效触发信号,则取决于逻辑设计的技术。

同步是时钟控制系统中的主要制约条件。同步是指在有效信号沿发生时刻,希望写入单元的数据也有效。数据有效则是指数据量比较稳定(不发生改变),并且只有当输入发生变化时数值才会发生变化。由于组合电路无法实现反馈,所以只要输入量不发生变化,输出最终会是一个稳定有效的量。

4. D/A 转换模块

EL 教学实验系统的 D/A 转换模块采用 8 位 AD558 型 D/A 转换芯片,其 I/O 接口定义如下:

D7~D0:数据总线输入口。

/CE:允许转换信号输入,低电平有效。

/CS:片选信号输入,低电平有效。

DA OUT:DA 直接输出口。当跳线接左边时,DA 输出信号直接从该口输出;当跳线接右边时,D/A 输出信号经运放输出。

当 AD558 的 CS 端为低电平、CE 端为高电平时,AD 转换器保持上一次转换结果;当 CS 和 CE 同时为低电平时,通过数据总线 D7~D0 获得输入数据,同时将转换结果输出,完成 D/A 转换。

5. 八路 A/D 转换模块

EL 教学实验系统的 A/D 转换模块采用通用的 8 位 ADC0809 型 A/D 转换芯片,其 I/O 口定义如下:

IN7~IN0:8 通道模拟信号输入口;

D7~D0:8 位数据总线输出端口;

A2~A0:输入端口选择信号输入口。

Vref+、Vref-:正、负参考电压输入端口;

INT:中断申请信号输出端口;

RD:写控制信号输入端口;

WR:读控制信号输入端口;

CS:片选信号输入端口;

当 CS 和 WR 同时为高电平,A/D 转换开始,当转换完成后,在 INT 引脚输出高电平,等待读取数据;当 CS 和 RD 同时为高电平时,通过数据总线 D7~D0 从 A/D 转换器读取数据,控制时序如图 12-6 所示。

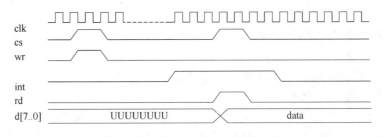

图 12-6　A/D 转换控制时序

6. 程序存储器 E²PROM 模块

E²PROM(Electrically Erasable Programmable Read-Only Memory),即电擦除电写入只读存储器,是一种掉电后数据不丢失的存储器,常用来存储程序代码。

EL 教学实验系统程序存储器模块采用 AT28C64 并行 E²PROM 型芯片和 AT93C46 串行 E²PROM 型芯片两种,其容量分别为 8 kB 和 1 kbits,用于单片机控制时的程序存储功能。并行 E²PROM 采用 8 位数据总线、13 位地址总线结构,数据读取速度快;串行 E²PROM 采用数据、时钟双线控制的方式,占用控制器 IO 口线数量少。

由于 E²PROM 写入电路相对复杂、运行速度较慢,目前已被 Flash 型程序存储器所取代,只有在大批量、低成本需求的时候才能见到,如计算机的 BIOS 芯片等。

7. RS-232 通信模块

RS-232 接口是电子工业协会(EIA)所制定的异步传输标准接口,常在低速数据交换、命令控制等方面应用。目前常见的 RS-232 接口符合 RS-232C 协议标准,是一种以串行数据传输为基础的接口,常需 TXD、RXD、GND 三条线来实现硬件的物理连接,最大传输距离不超过 20 米。

EL 教学实验系统 RS-232 通信模块分两个部分:一部分是与单片机的 CPU 结合在一起,受单片机控制的通信电路;另一部分则是独立的连接,可以任意连接控制器进行通信的电路。模块由通用型 RS-232 芯片 MAX232 组成,能够完成 MCU 控制器间、FPGA 控制器间、MCU 控制器与 FPGA 控制器间、MCU/FPGA 控制器与 PC 之间的串行数据通信。

12.3　模拟电路模块

12.3.1　PAC 适配器模块

PAC 适配器是用于模拟集成电路仿真设计实现的适配器。根据不同的适配器型号可以实现诸如集成运放的功能和一阶、二阶甚至更高阶的有源滤波功能,是当今集成模拟器件的良好仿真工具。

EL 教学实验系统集成了 Litice 公司生产的 ispPAC 系列适配器,它与模拟电路中的其他部分共同实现模拟部分的实验内容。

12.3.2　讯响器输出模块

当输入口 BELL_IN 输入高电平时,讯响器响。讯响器实际与大家了解的扬声器原理基本上是一样的,只不过讯响器的频率响应特性不如扬声器而已,因此发出的声音也就比较刺耳,不如扬声器那样富有音律。

12.3.3　电平调节模块

调节该模块中的电位器,可以使输出口 OUT 的电平在 0～5 V 之间变化。电平调节实际调节的就是输出信号的电势,使输出信号与标准电势的电势差达到一定值,一般情况下标准电势都是指 0 V 电势。

12.3.4　模拟信号源模块

模块中第一排端口为输入口,第二排端口为输出口,说明如下:

Diff IN：差分转换信号输入口；

Mux IN1/Mux IN2：叠加（或称混合）信号 1/2 输入口；

Diff OUT＋：差分信号正极性输出端口，为 Diff IN 差分后的信号；

Diff OUT－：差分信号负极性输出端口，为 Diff IN 差分后的信号；

Mux OUT：叠加信号输出端口，为 Mux IN1 与 Mux IN2 相加后的信号；

SIN_OUT312KHz：标准正弦信号（频率为 312 kHz）输出端口；

12.3.5 话筒、喇叭输入模块

这一部分通过外接话筒把语音信号输入经放大滤波后从 MIC_OUT 输出。在硬件上是以一个插孔的形式表现的。

语音信号从 SPEAKER IN 端口输入，经放大后直接由内部扬声器输出，而内部扬声器则处于 CPLD 适配器下面。

12.3.6 电阻电容扩展模块

这一部分准备了一些实验常用的电阻、电容以供使用。

12.4 电源及其他模块

12.4.1 交流电源

EL 教学实验系统由市电供电。交流电源接线端位于系统外箱前端，其控制开关在系统电路板右上角的位置。当开关打开时，系统供电指示灯将会点亮。

12.4.2 直流电源

直流电源包括高电势和低电势两个部分，是数字电路的供电电源。EL 教学实验系统可提供＋5 V、＋12 V、－12 V 三种电压的电源。

12.4.3 自由扩展区

EL 教学实验系统提供一个独立连接区，用于搭建额外电路时使用，作用相当于常用的面包板。

复习思考题

1. EL 教学实验系统分为哪几个主要部分？

2. EL 教学实验系统数字电路部分包括哪些主要部分？

3. 在 EL 教学实验系统中，FPGA 适配器模块采用哪个公司的何种系列的什么型号的

FPGA 芯片构成?

 4. 在 EL 教学实验系统中,JTAG 接口的数据线接到计算机的哪个接口上?

 5. 在 EL 教学试验系统中,常用数字外设有哪些? 分别是什么?

 6. 数码管显示控制有哪些方法? 具体如何实现?

 7. 试画出 OCMJ 系列 B 型液晶屏的控制时序图。

 8. 试叙述矩阵键盘控制软件编程思路。

 9. 试写出数字时钟源 CLK0～CLK4 的输出频率计算式。

 10. 试画出 ADC0809 的控制时序图。

13.1　基本门电路设计

13.1.1　二输入与非门电路

1. 二输入与非门的 VHDL 源程序(NAND2. VHD)

```
library   ieee;
use       ieee.std_logic_1164.all;
entity        nand2   is
port(
signal    a,b   :   in  std_logic;
signal    y     :   out  std_logic);
end;
architecture  one  of  nand2  is
begin
    process(a,b)
    begin
            y< = a nand b;
    end process;
end     one;
```

2. 仿真结果

二输入与非门电路仿真结果如图 13-1 所示。

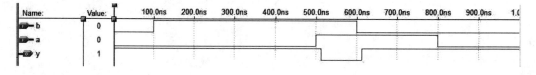

图 13-1　二输入与非门电路仿真结果

3. 实验连线

输入 a:连接一个拨码开关；

输入 b:连接一个拨码开关;

输出 y:连接一支 LED。

4. 实验现象

二输入与非门电路实验现象如表 13-1 所示。

表 13-1　二输入与非门电路实验现象

输入		输出	输入		输出
a	b	y	a	b	y
低	低	亮	高	低	亮
低	高	亮	高	高	灭

13.1.2　异或门电路

1. 二输入异或门的 VHDL 源程序(XOR2. VHD)

```
library   ieee;
use       ieee.std_logic_1164.all;
entity  xor2   is
port(
        signal  a,b  :  in  std_logic;
        signal  y    :  out  std_logic);
end;
architecture  one   of  xor2  is
begin
    process(a,b)
        variable  c:std_logic_vector(0  to  1);
    begin
        c: = a&b;
        case c is
            when  "00" =＞y＜ = '0';
            when  "01" =＞y＜ = '1';
            when  "10" =＞y＜ = '1';
            when  "11" =＞y＜ = '0';
            when others  =＞y＜ = 'X';
        end case;
    end process;
end      one;
```

2. 仿真结果

异或门电路仿真结果如图 13-2 所示。

3. 实验连线

输入 a:连接一个拨码开关;

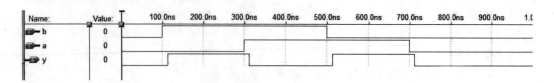

图 13-2　异或门电路仿真结果

输入 b:连接一个拨码开关;

输出 y:连接一支 LED。

4. 实验现象

异或门电路实验现象如表 13-2 所示。

表 13-2　异或门电路实验现象

输入		输出	输入		输出
a	b	y	a	b	y
低	低	灭	高	低	亮
低	高	亮	高	高	灭

13.1.3　三态门电路

1. 三态门的 VHDL 源程序(GATE. VHD)

```
library   ieee;
use       ieee.std_logic_1164.all;
entity       gate    is
port(
        signal a,en  :  in    std_logic;
        signal y     :  out   std_logic);
end;
architecture   one  of  gate  is
begin
    process(a,en)
    begin
        if en = '1'  then
            y< = a;
        else
            y< = 'Z';
        end if;
    end process;
end      one;
```

2. 仿真结果

三态门电路仿真结果如图 13-3 所示。

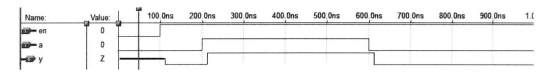

图 13-3 三态门电路仿真结果

3．实验连线

输入 a：连接一个拨码开关；

输入 en：连接一个拨码开关；

输出 y：连接一支 LED。

4．实验现象

三态门电路实验现象如表 13-3 所示。

表 13-3 三态门电路实验现象

输入		输出	输入		输出
en	a	y	en	a	y
低	低	弱亮	高	低	灭
低	高	弱亮	高	高	亮

13.2 组合逻辑电路设计

13.2.1 四舍五入判断电路

1．设计要求

当输入二进制编码不小于"0101"（十进制数"5"）时，输出高电平。

2．原理图方法设计

四舍五入判断电路如图 13-4 所示。

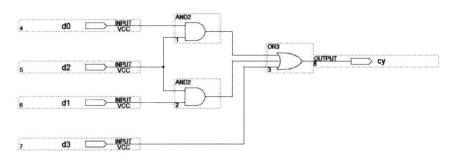

图 13-4 四舍五入判断电路

3．仿真结果

四舍五入判断电路仿真结果如图 13-5 所示。

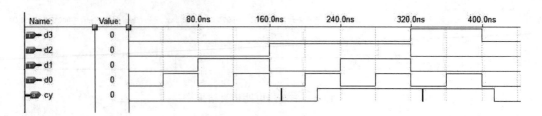

图 13-5　四舍五入判断电路仿真结果

4. 实验连线

输入 d3～d0：依次连接到拨码开关，注意排列顺序为左高右低；

输出 cy：连接一支 LED。

5. 实验现象

四舍五入电路实验现象如表 13-4 所示。

表 13-4　四舍五入电路实验现象

d3	d2	d1	d0	十进制数	cy
低	低	低	低	0	灭
低	低	低	高	1	灭
低	低	高	低	2	灭
低	低	高	高	3	灭
低	高	低	低	4	灭
低	高	低	高	5	亮
低	高	高	低	6	亮
低	高	高	高	7	亮
高	低	低	低	8	亮
高	低	低	高	9	亮

13.2.2　优先权判断电路

1. 设计要求

输入端 ain 的优先权最高，其次是 bin，最后是 cin。

2. 原理图方法设计

优先权判断电路如图 13-6 所示。当独立分别改变 ain，bin，cin 输入状态时，对应的 aout，

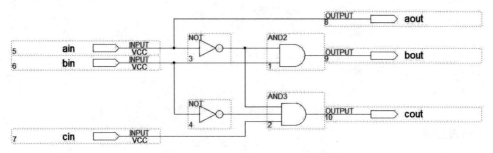

图 13-6　优先权判断电路

bout，cout 均有输出结果显示；但同时改变 2 个或多个输入状态，则只有优先权最高的输入端对应的输出端有结果显示。

3. 仿真结果

优先权判断电路仿真结果如图 13-7 所示。

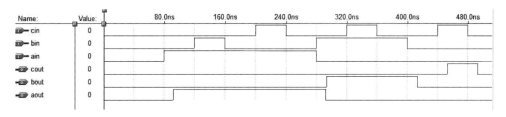

图 13-7　优先权判断电路仿真结果

4. 实验连线

输入 ain、bin、cin：连接三个拨码开关；

输出 aout、bout、cout：连接三支 LED。

5. 实验现象

优先权判断电路实验现象如表 13-5 所示。

表 13-5　优先权判断电路实验现象

输入			输出		
cin	bin	ain	cout	bout	aout
任意	任意	高	灭	灭	亮
任意	高	低	灭	亮	灭
高	低	低	亮	灭	灭
低	低	低	灭	灭	灭

13.2.3　8—3 优先编码器

1. 设计要求

将输入 8 条线上的数据进行二进制编码输出。

2. 8—3 优先编码器的 VHDL 源程序（BMQ83. VHD）

```
library   ieee;
use       ieee.std_logic_1164.all;
entity      bmq83   is
port(
        i：     in std_logic_vector(7   downto   0);
        s：     in std_logic;
        y：     out std_logic_vector(2   downto   0);
        ys,yex：out   std_logic);
end;
architecture    one   of   bmq83   is
```

```
        signal a,b  : std_logic;
    begin
        process(i,s)
        begin
            if  s ='1'  then
                    y< = "111";
                    ys< ='1';
                    yex< ='1';
            else
                    if  i(7) ='0'  then
                        y< = "111";
                        ys< ='1';
                        yex< ='0';
                    elsif  i(6) ='0'  then
                        y< = "110";
                        ys< ='1';
                        yex< ='0';
                    elsif  i(5) ='0'  then
                        y< = "101";
                        ys< ='1';
                        yex< ='0';
                    elsif  i(4) ='0'  then
                        y< = "100";
                        ys< ='1';
                        yex< ='0';
                    elsif  i(3) ='0'  then
                        y< = "011";
                        ys< ='1';
                        yex< ='0';
                    elsif  i(2) ='0'  then
                        y< = '010';
                        ys< ='1';
                        yex< ='0';
                    elsif  i(1) ='0'  then
                        y< = "001";
                        ys< ='1';
                        yex< ='0';
                    elsif  i(0) ='0'  then
                        y< = "000";
                        ys< ='1';
```

```
            yex< = '0';
    elsif   i = "11111111"   then
        y< = "000";
        ys< = '0';
        yex< = '1';
        end if;
    end if;
    end     process;
end     one;
```

3. 仿真结果

8—3 优先编码器仿真结果如图 13-8 所示。

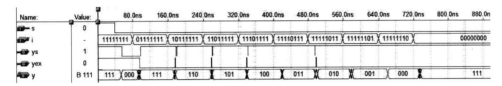

图 13-8　8—3 优先编码器仿真结果

4. 实验连线

输入 i7~i0:依次连接拨码开关,注意排列顺序为左高右低;

输入 s:连接拨码开关;

输出 y:连接三支 LED,注意排列顺序为左高右低;

输出 ys:连接一支 LED;

输出 yex:连接一支 LED。

5. 实验现象

8—3 优先编码器实验现象如表 13-6 所示。

表 13-6　8—3 优先编码器实验现象

输入									输出				
s	i7	i6	i5	i4	i3	i2	i1	i0	y2	y1	y0	ys	yex
高	x	x	x	x	x	x	x	x	亮	亮	亮	亮	亮
低	低	x	x	x	x	x	x	x	亮	亮	亮	亮	灭
低	高	低	x	x	x	x	x	x	亮	亮	灭	亮	灭
低	高	高	低	x	x	x	x	x	亮	灭	亮	亮	灭
低	高	高	高	低	x	x	x	x	亮	灭	灭	亮	灭
低	高	高	高	高	低	x	x	x	灭	亮	亮	亮	灭
低	高	高	高	高	高	低	x	x	灭	亮	灭	亮	灭
低	高	高	高	高	高	高	低	x	灭	灭	亮	亮	灭
低	高	高	高	高	高	高	高	低	灭	灭	灭	亮	灭
低	高	高	高	高	高	高	高	高	灭	灭	灭	灭	亮

其中,x 代表任意。

13.2.4 3—8译码器

1. 设计要求

译码器与编码器功能相反,是把输入3条线上用二进制进行编码的数据转换成8条线上的独立信息。

2. 3—8译码器的VHDL源程序(YMQ.VHD)

```
library  ieee;
use      ieee.std_logic_1164.all;
entity   ymq   is
port(
        sel: in  std_logic_vector(2  downto 0);
        y:  out  std_logic_vector(7  downto 0));
end;
architecture  one  of  ymq  is
begin
    process(sel)
    begin
        case    sel is
            when "000"  => y<= "11111110";
            when "001"  => y<= "11111101";
            when "010"  => y<= "11111011";
            when "011"  => y<= "11110111";
            when "100"  => y<= "11101111";
            when "101"  => y<= "11011111";
            when "110"  => y<= "10111111";
            when "111"  => y<= "01111111";
            when others => y<= "11111111";
        end  case;
    end   process;
end    one;
```

3. 仿真结果

3—8译码器仿真结果如图13-9所示。

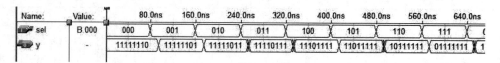

图13-9 3—8译码器仿真结果

4. 实验连线

输入sel2~sel0:依次连接拨码开关,注意排列顺序为左高右低;

输出y7~y0:连接8支LED,注意排列顺序为左高右低。

5. 实验现象

3—8 译码器实验现象如表 13-7 所示。

表 13-7　3—8 译码器实验现象

输入			输出							
sel2	sel1	sel0	y7	y6	y5	y4	y3	y2	y1	y0
低	低	低	亮	亮	亮	亮	亮	亮	亮	灭
低	低	高	亮	亮	亮	亮	亮	亮	灭	亮
低	高	低	亮	亮	亮	亮	亮	灭	亮	亮
低	高	高	亮	亮	亮	亮	灭	亮	亮	亮
高	低	低	亮	亮	亮	灭	亮	亮	亮	亮
高	低	高	亮	亮	灭	亮	亮	亮	亮	亮
高	高	低	亮	灭	亮	亮	亮	亮	亮	亮
高	高	高	灭	亮	亮	亮	亮	亮	亮	亮

13.2.5　8 段数码管显示译码器

1. 设计要求

显示译码器是译码器的一种特殊应用，它针对不同需要有不同的输入和输出，题目需要设计的是将得到的二进制数据转换成 8 段数码管字段信息的译码器，驱动 8 段数码管进行显示。

2. 显示译码电路的 VHDL 源程序(XS. VHD)

```
library   ieee;
use       ieee.std_logic_1164.all;
entity xs is
port(  signal   s: in      std_logic_vector(3  downto  0);
       signal   q:out      std_logic_vector(7  downto  0)
    );
end;
architecture   one   of   xs   is
begin
    process(s)
    begin
      case s is
        when "0000" => q< = "00111111";
        when "0001" => q< = "00000110";
        when "0010" => q< = "01011011";
        when "0011" => q< = "01001111";
        when "0100" => q< = "01100110";
```

```
            when "0101" => q< = "01101101";
            when "0110" => q< = "01111101";
            when "0111" => q< = "00000111";
            when "1000" => q< = "01111111";
            when "1001" => q< = "01101111";
            when "1010" => q< = "01110111";
            when "1011" => q< = "01111100";
            when "1100" => q< = "01011000";
            when "1101" => q< = "01011110";
            when "1110" => q< = "01111001";
            when "1111" => q< = "01110001";
            when others => q< = "00000000";
        end case;
      end      process;
  end   one;
```

3. 仿真结果

8 段数码管显示译码器仿真结果如图 13-10 所示。

图 13-10 8 段数码管显示译码器仿真结果

4. 实验连线

输入 s3～s0：依次连接拨码开关，注意排列顺序为左高右低；

输出 q7～q0：连接数码管字段输入端，注意 q7 连 dp,q0 连 a。

5. 实验现象

8 段数码管显示译码器实验现象如表 13-8 所示。

表 13-8 8 段数码管显示译码器实验现象

输入				输出
s3	s2	s1	s0	数码管显示
低	低	低	低	0
低	低	低	高	1
低	低	高	低	2
低	低	高	高	3
低	高	低	低	4
低	高	低	高	5
低	高	高	低	6
低	高	高	高	7

输入				输出
s3	s2	s1	s0	数码管显示
高	低	低	低	8
高	低	低	高	9
高	低	高	低	A
高	低	高	高	b
高	高	低	低	c
高	高	低	高	d
高	高	高	低	E
高	高	高	高	F

13.2.6　四选一数据选择器

1. 设计要求

根据数据选择控制端选择需要输出的数据。

2. 四选一数据选择器的 VHDL 源程序（XZQ. VHD）

```
library  ieee;
use      ieee.std_logic_1164.all;
entity  xzq  is
port(
        s:             in    std_logic_vector(1  downto  0);
        da,db,dc,dd: in    std_logic_vector(1  downto  0);
        y:             out   std_logic_vector(1  downto  0)
    );
end;
architecture  one  of  xzq  is
begin
    process(s)
    begin
      case    s  is
        when  "00"   =>   y<= da;
        when  "01"   =>   y<= db;
        when  "10"   =>   y<= dc;
        when  others =>   y<= dd;
      end  case;
    end  process;
end  one;
```

3. 仿真结果

四选一数据选择器仿真结果如图 13-11 所示。

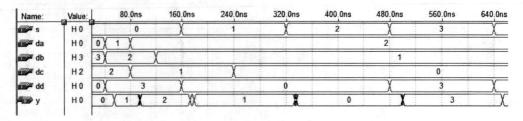

图 13-11　四选一数据选择器仿真结果

4. 实验连线

输入 s1～s0:依次连接拨码开关,注意排列顺序为左高右低;

输入 da1～da0:依次连接拨码开关,注意排列顺序为左高右低;

输入 db1～db0:依次连接拨码开关,注意排列顺序为左高右低;

输入 dc1～dc0:依次连接拨码开关,注意排列顺序为左高右低;

输入 dd1～dd0:依次连接拨码开关,注意排列顺序为左高右低;

输出 y1～y0:连接两支 LED,注意排列顺序为左高右低。

5. 实验现象

四选一数据选择器实验现象如表 13-9 所示。

表 13-9　四选一数据选择器实验现象

输入		输出	输入		输出
s1	s0	y	s1	s0	y
低	低	da	高	低	dc
低	高	db	高	高	dd

13.3　触发器及寄存器设计

13.3.1　基本 RS 触发器

1. 设计要求

设计一个基本 RS 触发器。

2. RS 触发器的 VHDL 源程序(RS. VHD)

```
library   ieee;
use       ieee.std_logic_1164.all;
entity    rs  is
```

```
port(
        r,s:  in  std_logic;
        q,nq: out std_logic
    );
end;
architecture  one  of  rs  is
    signal a,b: std_logic;
begin
    process(r,s)
    begin
        if (s = '1' and r = '0')then
            a<= '0';
            b<= '1';
        elsif(s = '0' and r = '1')then
            a<= '1';
            b<= '0';
        else
            a<= a;
            b<= b;
        end if;
    end process;
    q<= a;
    nq<= b;
end one;
```

3. 仿真结果

基本 *RS* 触发器仿真结果如图 13-12 所示。

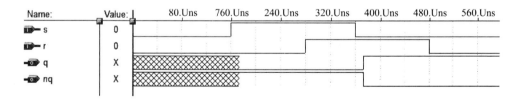

图 13-12　基本 *RS* 触发器仿真结果

4. 实验连线

输入 r:连接拨码开关；

输入 s:连接拨码开关；

输出 q:连接 LED；

输出 nq:连接 LED。

5. 实验现象

基本 *RS* 触发器实验现象如表 13-10 所示。

表 13-10　基本 *RS* 触发器实验现象

输入		输出		输入		输出	
r	s	q	nq	r	s	q	nq
低	低	保持	保持	高	低	亮	灭
低	高	灭	亮	高	高	保持	保持

13.3.2　异步置位/清零 D 触发器

1. 设计要求

设计具有异步置位、清零功能的 D 触发器。

2. D 触发器的 VHDL 源程序 (DFF_MYSELF. VHD)

```
library   ieee;
use      ieee.std_logic_1164.all;
entity   dff_myself   is
port(
      d,clk,clr,s: in std_logic;
      q,nq: out std_logic
    );
end;
architecture   one   of   dff_myself   is
    signal   q_comb,nq_comb  : std_logic;
begin
    process(clk)
    begin
        if   (clr = '0' and s = '1')   then
            q_comb <= '0';
            nq_comb <= '1';
        elsif(clr = '1' and s = '0')   then
            q_comb <= '1';
            nq_comb <= '0';
        elsif(clr = '0' and s = '0')   then
            q_comb <= q_comb;
            nq_comb <= nq_comb;
        elsif(clk'event and   clk = '1')   then
            q_comb <= d;
            nq_comb <= not   d;
```

```
                end if;
        end   process;
        q< = q_comb;
        nq< = nq_comb;
end one;
```

3．仿真结果

异步置位/清零 D 触发器仿真结果如图 13-13 所示。

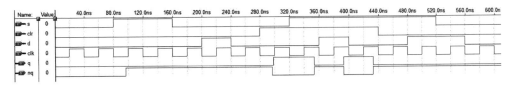

图 13-13　异步置位/清零 D 触发器仿真结果

4．实验连线

输入 clr：连接拨码开关；

输入 s：连接拨码开关；

输入 d：连接拨码开关；

输入 clk：连接数字时钟源；

输出 q：连接 LED；

输出 nq：连接 LED。

5．实验现象

异步置位/清零 D 触发器实验现象如表 13-11 所示。

表 13-11　异步置位/清零 D 触发器实验现象

输入			输出	
clr	s	clk	q	nq
低	低	x	保持	保持
低	高	x	灭	亮
高	低	x	亮	灭
高	高	上升沿	d	not d

其中，clk 的上升沿是由时钟源自动提供的，可通过示波器进行观察。

13.3.3　异步清零同步置位 4 位寄存器

1．设计要求

设计实现异步清零、同步置位 4 位寄存器。

2．寄存器的 VIIDL 源程序（JCQ．VHD）

```
library   ieee;
use       ieee.std_logic_1164.all;
entity        jcq   is
```

```
port(
        clr,clk,s  : in    std_logic;
        d          : in    std_logic_vector(3  downto 0);
        q          : out   std_logic_vector(3  downto 0)
    );
end;
architecture  one  of  jcq  is
    signal  q_comb : std_logic_vector(3  downto  0);
begin
    process(clk,s,clr)
    begin
        if  (clr = '1')  then
            q_comb< = "0000";
        elsif  (clk'event  and   clk = '1')  then
            if  (s = '1')  then
                q_comb< = "1111";
            else
                q_comb< = d;
            end if;
        end if;
        q< = q_comb;
    end process;
end one；
```

3. 仿真结果

异步清零同步置位 4 位寄存器仿真结果如图 13-14 所示。

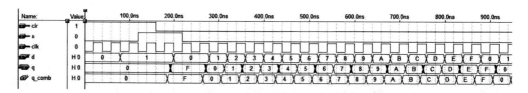

图 13-14   异步清零同步置位 4 位寄存器仿真结果

4. 实验连线

输入 clr：连接拨码开关；

输入 s：连接拨码开关；

输入 d3～d0：依次连接拨码开关,注意排列顺序为左高右低；

输入 clk：连接数字时钟源；

输出 q3～q0：连接 4 支 LED,注意排列顺序为左高右低。

5. 实验现象

异步清零同步置位 4 位寄存器实验现象如表 13-12 所示。

表 13-12　异步清零同步置位 4 位寄存器实验现象

输入			输出	输入			输出
clr	s	clk	q	clr	s	clk	q
高	x	x	"0000"	低	低	上升沿	d
低	高	上升沿	"1111"				

13.4　时序逻辑电路设计

13.4.1　异步清零 30 进制加法计数器（上升沿计数）

1. 设计要求

设计实现异步清零 30 进制加法计数器。

2. 同步三十进制加法计数器 VHDL 源程序（JSQ30. VHD）

```
library   ieee;
use       ieee. std_logic_1164. all;
use       ieee. std_logic_unsigned. all;
entity    jsq30   is
port(
        cp,clr:in   std_logic;
        q:       out std_logic_vector(4   downto   0)
     );
end   entity;
architecture   one   of   jsq30   is
    signal   sum   :std_logic_vector(4   downto   0);
begin
    process(cp,clr)
    begin
        if clr = '0' then
            sum< = "00000";
        elsif   cp'event   and   cp = '1'   then
            if   sum = "11101"   then
                sum< = "00000";
            else
                sum< = sum + '1';
            end if;
        end if;
    end process;
    q< = sum;
end one;
```

3. 仿真结果

异步清零 30 进制加法计数器仿真结果如图 13-15 所示。

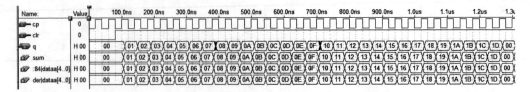

图 13-15　异步清零 30 进制加法计数器仿真结果

4. 实验连线

输入 cp：连接数字时钟源，频率不大于 20Hz，以便于观察现象；

输入 clr：连接拨码开关；

输出 q：连接五支 LED，注意排列顺序为左高右低。

5. 实验现象

cp 为计数脉冲，对其进行计数；当 clr 为低电平时，LED 均熄灭（二进制数"00000"）；当 clr 为高电平时，LED 以二进制数方式显示计数值。

13.4.2　30 进制自循环计数器(下降沿计数)

1. 设计要求

设计实现 30 进制自循环计数器。

2. 同步 30 进制自循环计数器 VHDL 源程序(JSQ30_LOOP.VHD)

```
library    ieee;
use        ieee.std_logic_1164.all;
use        ieee.std_logic_unsigned.all;
entity    jsq30_loop   is
port(
      cp,clr:in   std_logic;
      q:out   integer range   0   to   31
   );
end   entity;
architecture   one   of   jsq30_loop   is
   signal   sum   :integer   range   0   to   31;
   signal   flag   :std_logic;
begin
   process(cp,clr)
   begin
      if clr = '0' then
          sum< = 0;flag< = '0';
      elsif   cp'event and cp = '0'   then
          if   flag = '0'   then
```

```
                if sum = 29 then
                    flag< = '1';
                else
                    sum< = sum + 1;
                end if;
            else
                if sum = 0 then
                    flag< = '0';
                else
                    sum< = sum − 1;
                end if;
            end if;
        end if;
    end process;
    q< = sum;
end one;
```

3. 仿真结果

30 进制自循环计数器仿真结果如图 13-16 所示。

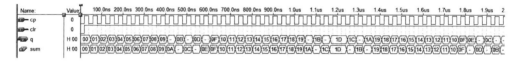

图 13-16　30 进制自循环计数器仿真结果

4. 实验连线

输入 cp：连接数字时钟源，频率不大于 20 Hz，以便于观察现象；

输入 clr：连接拨码开关；

输出 q：连接五支 LED，注意排列顺序为左高右低。

5. 实验现象

cp 为计数脉冲，对其进行计数；当 clr 为低电平时，LED 均熄灭；当 clr 为高电平时，LED 以二进制形式计数。计数值从 0 开始加法计数至 29 后，再由 29 减法计数至 0，依此循环。

13.4.3　具有预置功能的分频器

1. 设计要求

设计实现具有预置功能的分频器。

2. 具有预置功能的分频器 VHDL 源程序（DIVF. VHD）

```
library    ieee;
use        ieee.std_logic_1164.all;
use        ieee.std_logic_unsigned.all;
entity     divf   is
port(
```

```
        cpin,clr  :in  std_logic;
        keyin     :in  std_logic_vector(3  downto  0);
        cpout     :out std_logic
    );
end entity;
architecture  one  of  divf  is
    signal  sum  :std_logic_vector(3 downto  0);
    signal  cp   :std_logic;
begin
    process(cpin,clr)
    begin
        if clr = '0' then
            sum< = "0000";cp< = '0';
        elsif  cpin'event  and  cpin = '1'  then
          if  sum = keyin   then
              sum< = "0000";
              cp< = not cp;
          else
              sum< = sum + '1';
          end if;
        end if;
    end process;
    cpout< = cp;
end one;
```

3. 仿真结果

具有预置功能的分频器仿真结果如图 13-17 所示。

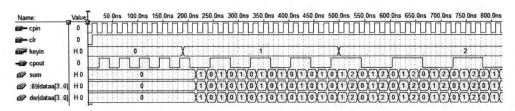

图 13-17　具有预置功能的分频器仿真结果

4. 实验连线

输入 cpin:连接数字时钟源,频率不大于 20 Hz,以便于观察现象;

输入 clr:连接拨码开关;

输入 keyin3～keyin0:依次连接拨码开关,注意排列顺序为左高右低;

输出 cpout:连接 LED。

5. 实验现象

当 clr 为低电平时,LED 熄灭;当 clr 为高电平时,LED 根据 keyin 的设定以不同的速度闪烁。

复习思考题

1. 设计实现三输入或非门电路。
2. 设计实现同或门电路。
3. 设计实现 16-4 线编码器。
4. 设计实现 4-16 线解码器。
5. 设计实现八选一数据选择器。
6. 设计实现同步置位/清零 D 触发器。
7. 设计实现异步清零 60 进制加法计数器。
8. 设计实现同步清零 30 进制减法计数器。
9. 设计实现异步清零/同步置数 100 进制加法计数器。
10. 设计实现异步清零/同步置数 60 进制自循环计数器。

第14章　　EDA技术综合设计

14.1　十字路口交通灯控制器

14.1.1　项目设计要求

（1）符合十字路口交通灯的基本工作过程。

（2）分为主干线和支线两路指示。

（3）主干线各个指示灯工作过程：绿灯亮 15 s、黄灯闪动 2 s、红灯亮 13 s、黄灯再亮闪动 2 s，依次循环工作。

（4）支线各个指示灯工作过程：红灯亮 15 s、黄灯闪动 2 s、绿灯亮 13 s、黄灯再亮闪动 2 s，依次循环工作。

（5）用数码管以倒计时方式显示时间。

14.1.2　项目设计分析

（1）用六支 LED 模拟交通灯，主干线分别为 G、Y、R，支线分别为 g、y、r。

（2）硬件上使用数码管显示；软件上需要具备位选产生、数据选择、显示译码三个模块。

（3）使用一个稍高频率的控制时钟（如 1.22 kHz），用以产生位选和计时的控制信号。

14.1.3　源代码

```
library    ieee;
use        ieee.std_logic_1164.all;
use        ieee.std_logic_unsigned.all;
entity     traficled   is
port(
           en,cp：in  std_logic;
           sel：   out integer  range  0  to  7;
           led：   out std_logic_vector(5  downto  0);
           q：     out std_logic_vector(6  downto  0)
     );
```

```vhdl
end;
architecture  one  of  traficled  is
    signal    a:      integer   range  0  to  63;
    signal    b,c,d: integer   range  0  to  15;
    signal    f:      integer   range  0  to  7;
    signal    n:      integer   range  0  to  1220;
begin
aa: process(en,cp)
    begin
        if  en = '0'  then
            a< = 0;n< = 0;
        elsif  cp'event  and  cp = '0'  then
            if  n = 1219  then
                n< = 0;
            else
                if  n = 609  or  n = 1218  then
                    if  a = 63  then
                        a< = 0;
                    else
                        a< = a + 1;
                    end if;
                end if;
                n< = n + 1;
            end if;
        end if;
    end process aa;
bb: process(en,cp)
    begin
        if  en = '0'  then
            f< = 0;
        elsif  cp'event  and  cp = '0'  then
            if  f = 7  then
                f< = 0;
            else
                f< = f + 1;
            end if;
        end if;
        sel< = f;
    end process bb;
cc: process
```

```
    begin
        case a is
            when 0    to 1    =>   b<=5;c<=1;
            when 2    to 3    =>   b<=4;c<=1;
            when 4    to 5    =>   b<=3;c<=1;
            when 6    to 7    =>   b<=2;c<=1;
            when 8    to 9    =>   b<=1;c<=1;
            when 10   to 11   =>   b<=0;c<=1;
            when 12   to 13   =>   b<=9;c<=0;
            when 14   to 15   =>   b<=8;c<=0;
            when 16   to 17   =>   b<=7;c<=0;
            when 18   to 19   =>   b<=6;c<=0;
            when 20   to 21   =>   b<=5;c<=0;
            when 22   to 23   =>   b<=4;c<=0;
            when 24   to 25   =>   b<=3;c<=0;
            when 26   to 27   =>   b<=2;c<=0;
            when 28   to 29   =>   b<=1;c<=0;
            when 30   to 31   =>   b<=2;c<=0;
            when 32   to 33   =>   b<=1;c<=0;
            when 34   to 35   =>   b<=3;c<=1;
            when 36   to 37   =>   b<=2;c<=1;
            when 38   to 39   =>   b<=1;c<=1;
            when 40   to 41   =>   b<=0;c<=1;
            when 42   to 43   =>   b<=9;c<=0;
            when 44   to 45   =>   b<=8;c<=0;
            when 46   to 47   =>   b<=7;c<=0;
            when 48   to 49   =>   b<=6;c<=0;
            when 50   to 51   =>   b<=5;c<=0;
            when 52   to 53   =>   b<=4;c<=0;
            when 54   to 55   =>   b<=3;c<=0;
            when 56   to 57   =>   b<=2;c<=0;
            when 58   to 59   =>   b<=1;c<=0;
            when 60   to 61   =>   b<=2;c<=0;
            when 62   to 63   =>   b<=1;c<=0;
            when    others    =>   b<=15;c<=15;
        end case;
    end process cc;
  dd: process
    begin
        case a is
```

```vhdl
            when  0   to  29   = >   led< = "100001";
            when  30   = >   led< = "010010";
            when  31   = >   led< = "000000";
            when  32   = >   led< = "010010";
            when  33   = >   led< = "000000";
            when  34   to  59   = >   led< = "001100";
            when  60   = >   led< = "010010";
            when  61   = >   led< = "000000";
            when  62   = >   led< = "010010";
            when  63   = >   led< = "000000";
            when  others   = >   led< = "000000";
        end case;
    end process dd;
ee: process
begin
        case  f  is
            when  0   = >   d< = b;
            when  1   = >   d< = c;
            when  2   = >   d< = b;
            when  3   = >   d< = c;
            when  others   = >   d< = 15;
        end case;
    end process ee;
ff: process
    begin
        case  d  is
            when  0   = >   q< = "0111111";
            when  1   = >   q< = "0000110";
            when  2   = >   q< = "1011011";
            when  3   = >   q< = "1001111";
            when  4   = >   q< = "1100110";
            when  5   = >   q< = "1101101";
            when  6   = >   q< = "1111101";
            when  7   = >   q< = "0000111";
            when  8   = >   q< = "1111111";
            when  9   = >   q< = "1101111";
            when  others   = >   q< = "0000000";
        end case;
    end process ff;
end one;
```

14.1.4 项目连线

输入 cp：连接数字时钟源，调整输出频率为 1.22 kHz；

输入 en：连接拨码开关；

输出 led5～led0：分别代表 G、Y、R、g、y、r，连接六支对应颜色的 LED；

输出 q6～q0：连接数码管字段输入端，q6 对应字段 g，q0 对应字段 a；

输出 sel2～sel0：连接数码管位选输入端。

14.1.5 项目现象

当 en 为高电平时，LED 和数码管按设计要求变化。

14.2 数字显示秒计时器

14.2.1 项目设计要求

（1）设计一个 250 秒计时器。

（2）具有整体清零功能能。

（3）输入时钟信号频率为 1.22 kHz。

14.2.2 项目设计分析

（1）根据项目要求，需要设计一个具有异步清零功能的 250 进制计数器；

（2）根据项目要求，需要设计一个 1.22 kHz 到 1Hz 的分频器。

（3）需要使用数码管显示，需要具备位选产生、数据选择、显示译码三个模块。

14.2.3 源代码

```
library   ieee;
use       ieee.std_logic_1164.all;
use       ieee.std_logic_unsigned.all;
entity   jsq  is
    port(
            output:   out   std_logic_vector(0   to  7);
            sel:      out   std_logic_vector(2   downto  0);
            clock,en: in    std_logic
        );
end;
architecture  one  of  jsq  is
    signal  clocktemp:std_logic_vector(10  downto  0);
```

```
        signal  ge,shi,bai,js:std_logic_vector(3  downto  0);
        signal  passsel:        std_logic_vector(2  downto  0);
        signal  kgg,kgs,kgb:  std_logic;
begin
AA:  process(en,clock)
          begin
        if  (en = '0')  then
            clocktemp< = "00000000000";
            ge< = "0000";
            shi< = "0000";
            bai< = "0000";
    elsif  (clock'event  and  clock = '1')  then
            if  (clocktemp = "10011000100")  then
                clocktemp< = "00000000000";
                if  (bai = "0010"  and  shi = "0100" and ge = "1001")  then
                    ge< = "0000";
                    shi< = "0000";
                    bai< = "0000";
                    kgg< = '0';
                else
                    if  (kgg = '1')  then
                        ge< = "0000";
                        kgg< = '0';
                        if  (kgs = '1')  then
                        shi< = "0000";
                        kgs< = '0';
                        if  (kgb = '1')  then
                            bai< = "0000";
                            kgb< = '0';
                        else
                            bai< = bai + '1';
                            if  (bai = "1000")  then
                                kgb< = '1';
                            else
                                kgb< = '0';
                            end if;
                        end if;
                    else
                        shi< = shi + '1';
                        if  (shi = "1000")  then
```

```
                        kgs< = '1';
                else
                        kgs< = '0';
                end if;
            end if;
        else
            ge< = ge + '1';
            if  (ge = "1000")  then
                kgg< = '1';
            else
                kgg< = '0';
            end if;
        end if;
    end if;
    else
        clocktemp< = clocktemp + '1';
    end if;
    end if;
    end process AA;
BB: process(js)
        begin
        case   js   is
            when  "0000"   = >   output< = "00111111";
            when  "0001"   = >   output< = "00000110";
            when  "0010"   = >   output< = "01011011";
            when  "0011"   = >   output< = "01001111";
            when  "0100"   = >   output< = "01100110";
            when  "0101"   = >   output< = "01101101";
            when  "0110"   = >   output< = "01111101";
            when  "0111"   = >   output< = "00000111";
            when  "1000"   = >   output< = "01111111";
            when  "1001"   = >   output< = "01101111";
            when  others   = >   null;
        end case;
    end process BB;
DD: process(passsel)
        begin
        case  passsel  is
            when  "000"   = >   js< = ge;
            when  "001"   = >   js< = shi;
```

```
            when    "010"    =>    js<=bai;
            when   others   =>    js<="0000";
        end case;
    end process DD;
    sel<=clocktemp(2   downto   0);
    passsel<=clocktemp(2   downto   0);
end one;
```

14.2.4 项目连线

输入 clock:连接数字时钟源,调整输出频率为 1.22 kHz;

输入 en:连接拨码开关;

输出 output7~output0:连接数码管字段输入端,output0 对应字段 dp,output7 对应字段 a;

输出 sel2~sel0:连接数码管位选输入端。

14.2.5 项目现象

当 en 为高电平时,数码管以秒为单位显示计数值。

14.3 自动量程转换频率计

14.3.1 项目设计要求

(1) 设计数码管显示频率计。

(2) 测频范围在 0 Hz~999 MHz。

(3) 能够实现自动量程转换。

14.3.2 项目设计分析

(1) 需要使用数码管显示,需要具备位选产生、数据选择、显示译码三个模块。

(2) 频率范围比较大,通用的方式就是采用定时数被测信号脉冲个数的方法,需要具备定时、计数模块。

(3) 需要自动换挡,需要对计数数据进行简单分析,以实现换挡。

(4) 为使频率值稳定显示,需要将测频数据所存,需要具备数据所存模块。

(5) 为产生比较准确的定时闸门,采用 5MHz 的基准频率。

14.3.3 源代码

```
library   ieee;
use       ieee.std_logic_1164.all;
```

```vhdl
use        ieee.std_logic_unsigned.all;
entity   plj   is
port(
        clr,cpin,cptest           :in   std_logic;
        alerm                     :out  std_logic;
        q                         :out  std_logic_vector(6   downto   0);
        sel                       :out  std_logic_vector(2   downto   0)
    );
end;
architecture   one   of   plj   is
    signal    cpout:             std_logic;
    signal    seltemp:           std_logic_vector(2   downto   0);
    signal    q3,q2,q1,q0:       integer   range   0   to   10;
    signal    p4,p3,p2,p1,p0:    integer   range   0   to   10;
    signal    pa:                integer   range   0   to   10;
    signal    dang:              integer   range   0   to   10;
begin
fen:process(cpin)
        variable   cnt:integer   range   0   to   4999999;
        variable   clk:std_logic;
    begin
        if   rising_edge(cpin)   then
            if   cnt<4999999   then
                cnt:= cnt + 1;
            else
                cnt:= 0;
                clk:= not clk;
            end if;
        end if;
        cpout< = clk;
    end process fen;
  choice:process(cpin)
        variable count:std_logic_vector(2   downto    0);
    begin
        if   rising_edge(cpin)   then
            if   count = "111"   then
                count:= "000";
            else
                count:= count + '1';
            end if;
```

```
            end if;
            seltemp< = count;
        end process choice;
corna:process(clr,cptest,cpout)
        variable c0,c1,c2,c3,c4,c5,c6  :integer  range  0  to  9;
        variable  x  :std_logic;
        begin
            if  rising_edge(cptest)  then
                if  cpout = '1'  then
                    if  c0<9  then
                        c0: = c0 + 1;
                    else
                        c0: = 0;
                        if  c1<9  then
                            c1: = c1 + 1;
                        else
                            c1: = 0;
                            if  c2<9  then
                                c2: = c2 + 1;
                            else
                                c2: = 0;
                                if  c3<9  then
                                    c3: = c3 + 1;
                                else
                                    c3: = 0;
                                    if  c4<9  then
                                        c4: = c4 + 1;
                                    else
                                        c4: = 0;
                                        if  c5<9  then
                                            c5: = c5 + 1;
                                        else
                                            c5: = 0;
                                            if  c6<9  then
                                                c6: = c6 + 1;
                                            else
                                                c6: = 0;
                                                alerm< = '1';
                                            end if;
                                        end if;
```

```
                                    end if;
                                  end if;
                                end if;
                            end if;
                        end if;
                    else
                        if  clr = '0'  then
                            alerm < = '0';
                        end  if;
                        c6 : = 0;
                        c5 : = 0;
                        c4 : = 0;
                        c3 : = 0;
                        c2 : = 0;
                        c1 : = 0;
                        c0 : = 0;
                    end  if;
                    if  c6/ = 0   then
                        q3 < = c6;
                        q2 < = c5;
                        q1 < = c4;
                        q0 < = c3;
                        dang < = 4;
                    elsif   c5/ = 0   then
                        q3 < = c5;
                        q2 < = c4;
                        q1 < = c3;
                        q0 < = c2;
                        dang < = 3;
                    elsif   c4/ = 0   then
                        q3 < = c4;
                        q2 < = c3;
                        q1 < = c2;
                        q0 < = c1;
                        dang < = 2;
                    elsif   c3/ = 0   then
                        q3 < = c3;
                        q2 < = c2;
                        q1 < = c1;
                        q0 < = c0;
```

```vhdl
                    dang< = 1;
                end if;
            end if;
    end process corna;
lock:       process(cpout)
            variable  t4,t3,t2,t1,t0  :integer  range  0  to  10;
        begin
            if  cpout'event  and  cpout = '0'  then
                t4: = q3;
                t3: = q2;
                t2: = q1;
                t1: = q0;
                t0: = dang;
            end if;
            p4< = t4;
            p3< = t3;
            p2< = t2;
            p1< = t1;
            p0< = t0;
    end process lock;
chennel:  process(seltemp)
        begin
            case  seltemp  is
                when  "000"   = >   pa< = p1;
                when  "001"   = >   pa< = p2;
                when  "010"   = >   pa< = p3;
                when  "011"   = >   pa< = p4;
                when  "111"   = >   pa< = p0;
                when  others  = >   pa< = 10;
            end case;
    end process chennel;
disp:       process(pa)
        begin
            case  pa  is
                when  0   = >   q< = "0111111";
                when  1   = >   q< = "0000110";
                when  2   = >   q< = "1011011";
                when  3   = >   q< = "1001111";
                when  4   = >   q< = "1100110";
                when  5   = >   q< = "1101101";
```

```
            when   6   = >   q< = "1111101";
            when   7   = >   q< = "0000111";
            when   8   = >   q< = "1111111";
            when   9   = >   q< = "1101111";
            when  others  = >   q< = "0000000";
          end case;
        end process disp;
        sel< = seltemp;
    end one;
```

14.3.4 项目连线

输入 cpin:连接数字时钟源 5MHz 输出端;

输入 clr:连接拨码开关;

输入 cptest:连接数字时钟源某一输出端(用来模拟被测信号);

输出 Alerm:连接一支 LED;

输出 q6~q0:连接数码管字段输入端,q6 对应字段 g,q0 对应字段 a;

输出 sel2~sel0:连接数码管位选输入端。

14.3.5 项目现象

当 clr 为高电平时,接入被测信号,数码管显示测频结果及量程。

14.4 简易波形发生器

14.4.1 项目设计要求

(1) 设计具有三角波、正弦波、阶梯波、方波输出的波形发生器。

(2) 能够通过控制开关选择输出波形。

14.4.2 项目设计分析

(1) 需要产生三角波、正弦波、阶梯波、方波的波形数据。三角波、阶梯波、方波可以通过 VHDL 编程产生;正弦波数据则需要通过其他软件编程(如 MATLAB、VC++等)获得,再以数据表的形式存放于 VHDL 程序中。

(2) 需要使用多路(4 路)数据选择器,按不同设置选择输出的波形数据。

(3) 由于波形发生 DAC 采用 AD558,因此所产生的数据宽度为 8 位。

14.4.3 源代码

```
library  ieee;
```

```vhdl
use        ieee.std_logic_1164.all;
use        ieee.std_logic_unsigned.all;
entity    generator  is
port(
        cpin:in   std_logic;
        fsel:in   std_logic;
        wsel:in   std_logic_vector(1  downto  0);
        clr: in   std_logic;
        q:   out  integer  range  0  to  255
    );
end;
architecture  one  of  generator  is
    signal  qa,qb,qc,qd: integer  range  0  to  255;
    constant  fhigh:      integer:= 9;
    constant  flow:       integer:= 19;
    signal    cp:         std_logic;
begin
    process(clr,cpin)
        variable  cnt  :integer  range  0  to  20;
        begin
        if  clr = '0'  then
            cnt:= 0;cp< = '0';
        elsif  rising_edge(cpin)  then
            if  fsel = '0'  then
                if  cnt = fhigh  then
                    cnt:= 0;
                    cp< = not cp;
                else
                    cnt:= cnt + 1;
                end if;
            else
                if  cnt = flow   then
                    cnt:= 0;
                    cp< = not cp;
                else
                    cnt:= cnt + 1;
                end if;
            end if;
        end if;
    end process;
```

```
delta： process(clr,cp)
        variable flag :std_logic;
    begin
        if  clr = '0'  then
            qa< = 0；flag：= '0';
        elsif rising_edge(cp)  then
            if  flag = '0'  then
                if  qa = 254  then
                    qa< = 255；
                    flag：= '1';
                else
                    qa< = qa + 1；
                end if;
            else
                if  qa = 1  then
                    qa< = 0；
                    flag：= '0';
                else
                    qa< = qa - 1；
                end if;
            end if;
        end if;
    end process delta;
ladder： process(clr,cp)
        variable  flag  :std_logic;
    begin
        if  clr = '0'  then
            qb< = 0；flag：= '0';
        elsif rising_edge(cp)  then
            if  flag = '0'  then
                if  qb = 255  then
                    qb< = 0；
                    flag：= '1';
                else
                    qb< = qb + 15；
                end if;
            else
                flag：= '0';
            end if;
        end if;
```

```vhdl
        end process ladder;
sin:    process(clr,cp)
        variable cnt :integer  range  0  to  63;
    begin
        if   clr = '0'   then
            qc< = 0;cnt: = 0;
        elsif rising_edge(cp)   then
            if  cnt = 63   then
                cnt: = 0;
            else
                cnt: = cnt + 1;
            end if;
            case   cnt   is
                when  0   = >   qc< = 255;   when  1   = >   qc< = 254;
                when  2   = >   qc< = 252;   when  3   = >   qc< = 249;
                when  4   = >   qc< = 245;   when  5   = >   qc< = 239;
                when  6   = >   qc< = 233;   when  7   = >   qc< = 225;
                when  8   = >   qc< = 217;   when  9   = >   qc< = 207;
                when  10  = >   qc< = 197;   when  11  = >   qc< = 186;
                when  12  = >   qc< = 174;   when  13  = >   qc< = 162;
                when  14  = >   qc< = 150;   when  15  = >   qc< = 137;
                when  16  = >   qc< = 124;   when  17  = >   qc< = 112;
                when  18  = >   qc< = 99;    when  19  = >   qc< = 87;
                when  20  = >   qc< = 75;    when  21  = >   qc< = 64;
                when  22  = >   qc< = 53;    when  23  = >   qc< = 43;
                when  24  = >   qc< = 34;    when  25  = >   qc< = 26;
                when  26  = >   qc< = 19;    when  27  = >   qc< = 13;
                when  28  = >   qc< = 8;     when  29  = >   qc< = 4;
                when  30  = >   qc< = 1;     when  31  = >   qc< = 0;
                when  32  = >   qc< = 0;     when  33  = >   qc< = 1;
                when  34  = >   qc< = 4;     when  35  = >   qc< = 8;
                when  36  = >   qc< = 13;    when  37  = >   qc< = 19;
                when  38  = >   qc< = 26;    when  39  = >   qc< = 34;
                when  40  = >   qc< = 43;    when  41  = >   qc< = 53;
                when  42  = >   qc< = 64;    when  43  = >   qc< = 75;
                when  44  = >   qc< = 87;    when  45  = >   qc< = 99;
                when  46  = >   qc< = 112;   when  47  = >   qc< = 124;
                when  48  = >   qc< = 137;   when  49  = >   qc< = 150;
                when  50  = >   qc< = 162;   when  51  = >   qc< = 174;
                when  52  = >   qc< = 186;   when  53  = >   qc< = 197;
```

```
            when  54  = >  qc< = 207;  when  55  = >  qc< = 217;
            when  56  = >  qc< = 225;  when  57  = >  qc< = 233;
            when  58  = >  qc< = 239;  when  59  = >  qc< = 245;
            when  60  = >  qc< = 249;  when  61  = >  qc< = 252;
            when  62  = >  qc< = 254;  when  63  = >  qc< = 255;
            when  others  = >  null;
        end  case;
      end if;
    end process sin;
  square: process(clr,cp)
    begin
        if  clr = '0'  then
            qd< = 0;
        elsif  rising_edge(cp)  then
            if  qd = 0  then
                qd< = 255;
            else
                qd< = 0;
            end if;
        end if;
    end process square;
  choice: process(wsel,qa,qb,qc,qd)
    begin
        case  wsel  is
            when  "00"  = >  q< = qa;
            when  "01"  = >  q< = qb;
            when  "10"  = >  q< = qc;
            when  "11"  = >  q< = qd;
            when  others  = >  q< = 0;
        end case;
    end process choice;
end one;
```

14.4.4 项目连线

输入 cpin:连接数字时钟源;

输入 clr:连接拨码开关;

输入 fsel:连接拨码开关;

输入 wsel1~wsel:依次连接拨码开关,注意数位关系为左高右低;

输出 q7~q0:连接 DA 转换器 AD558 的数据接口,q7 对应 d7,q0 对应 d0。

注:AD558 的/CS 和/CE 端接低电平。

14.4.5　项目现象

当 clr 为高电平时,根据 fsel 和 wsel 的设定,在 AD558 的输出接口产生不同频率、不同形式的函数波形。

14.5　OCMJ 液晶显示控制器

14.5.1　项目设计要求

(1) 采用 OCMJ 系列 B 型液晶模块进行显示。
(2) 能够在 LCM 屏上显示"工程训练"。

14.5.2　项目设计分析

(1) 采用双线握手协议方式发送数据。
(2) 采用状态机方式实现显示。

14.5.3　源代码

```
library    ieee;
use        ieee.std_logic_1164.all;
use        ieee.std_logic_unsigned.all;
entity    lcm    is
port(
        cpin:in     std_logic;
        busy:in      std_logic;
        clr:in      std_logic;
        req:out     std_logic;
        q           :out std_logic_vector(7  downto  0)
    );
end;
architecture    one    of    lcm    is
    signal     status:integer    range    0    to    7;
    constant   wrcom:std_logic_vector: = "11111001";
    signal     wraddr:integer    range    0    to    31;
    signal     wrdata:std_logic_vector(7  downto  0);
begin
    process(cpin,busy)
        variable    cnt:integer    range    0    to    61;
        begin
```

```
        if  clr = '0'  then
            status< = 0;
            wraddr< = 0;
        elsif  rising_edge(cpin)  then
            case  status  is
                when  0   = >   req< = '0';status< = 1;
                when  1   = >   if  busy = '1'  then
                                    status< = 1;
                                else
                                    status< = 2;
                                end if;
                when  2   = >   q< = wrdata;status< = 3;
                when  3   = >   req< = '1';status< = 4;
                when  4   = >   wraddr< = wraddr + 1;status< = 5;
                when  5   = >   if  wrdata = "11111111"  then
                                    status< = 6;
                                else
                                    status< = 1;
                                end if;
                when  others  = >   null;
            end case;
        end if;
    end process;
    process(wraddr,clr)
    begin
        if  clr = '0'  then
            wrdata< = "11111111";
        else
            case  wraddr  is
                when  0   = >   wrdata< = "11111001";
                when  1   = >   wrdata< = "00000001";
                when  2   = >   wrdata< = "00000001";
                when  3   = >   wrdata< = "00011001";
                when  4   = >   wrdata< = "00000100";
                when  5   = >   wrdata< = "11111001";
                when  6   = >   wrdata< = "00000010";
                when  7   = >   wrdata< = "00000001";
                when  8   = >   wrdata< = "00010011";
                when  9   = >   wrdata< = "00101100";
                when  10  = >   wrdata< = "11111001";
```

```
            when  11  => wrdata<= "00000011";
            when  12  => wrdata<= "00000001";
            when  13  => wrdata<= "00110001";
            when  14  => wrdata<= "00010101";
            when  15  => wrdata<= "11111001";
            when  16  => wrdata<= "00000100";
            when  17  => wrdata<= "00000001";
            when  18  => wrdata<= "00100001";
            when  19  => wrdata<= "00010111";
            when  others => wrdata<= "11111111";
          end case;
        end if;
      end process;
   end one;
```

14.5.4　项目连线

输入 cpin:连接数字时钟源,频率在 1~100 kHz 之间;

输入 clr:连接拨码开关;

输入 busy:连接液晶显示模块 busy;

输出 q7~q0:连接液晶显示模块 d7~d0;

输出 req:连接液晶显示模块 req。

14.5.5　项目现象

当 clr 为高电平时,液晶显示模块显示"工程训练"。

14.6　单路 PWM 亮度控制器

14.6.1　项目设计要求

(1) 实现一支 LED 亮度的周期性调节。

(2) 能够用数码管显示当前脉宽值。

14.6.2　项目设计分析

(1) 设计一个可预置 PWM 控制器。

(2) 设计一个自循环计数器预置 PWM 值。

(3) 设计一个显示模块时时显示 PWM 的预置值。

(4) 设计一个时钟分频模块,协调自循环计数器与 PWM 控制器的工作。

(5) 设计数码管显示相关模块,完成数据的显示。

14.6.3 源代码

```
library   ieee;
use       ieee.std_logic_1164.all;
use       ieee.std_logic_unsigned.all;
entity    pwmone is
port(
        cpin:   in   std_logic;
        oe:     in   std_logic;
        pwmout: out  std_logic;
        q:      out  std_logic_vector(6  downto  0);
        sel:    out  std_logic_vector(2  downto  0)
    );
end;
architecture  one  of  pwmone  is
    signal  cp:std_logic;
    signal  clk:std_logic;
    signal  flag:std_logic;
    signal  pwm:std_logic;
    signal  cntcp:integer  range  0  to  10;
    signal  cntclk:integer  range  0  to  100;
    signal  fval:integer  range  0  to  100;
    signal  pval:integer  range  0  to  100;
    signal  unit,ten,hund:integer  range  0  to  9;
    signal  tran:integerrange  0  to  10;
    signal  cntsel:std_logic_vector(2  downto  0);
begin
pwmcontroller:
    process(cp,oe,fval,pval)
    begin
        if  oe = '0'  then
            pval< = 0;
        elsif  rising_edge(cpin)  then
            if  pval<fval  then
                pwm< = '1';
            else
                pwm< = '0';
            end if;
            if  pval> = 100  then
                pval< = 0;
```

```
                else
                    pval< = pval + 1;
                end if;
            end if;
        end process pwmcontroller;
counter:
    process(clk,oe,fval)
    begin
        if  oe = '0'  then
            fval< = 0;
            flag< = '0';
        elsif rising_edge(clk)  then
            if  flag = '0'  then
                if  fval> = 100  then
                    flag< = '1';
                else
                    fval< = fval + 10;
                end if;
            else
                if fval< = 0  then
                    flag< = '0';
                else
                    fval< = fval - 10;
                end if;
            end if;
        end if;
    end process counter;
divcpin:
    process(cpin,oe,cp,clk,pval,cntclk)
    begin
        if  oe = '0'  then
            cntcp< = 0;
            cntclk< = 0;
            cp< = '0';
            clk< = '0';
        elsif  rising_edge(cpin)  then
            if  pval> = 100  then
                if  cntclk> = 100  then
                    clk< = not clk;
                    cntclk< = 0;
```

```vhdl
            else
                cntclk< = cntclk + 1;
            end if;
        end if;
        if  cntcp> = 10  then
            cntcp< = 0;
            cp< = not  cp;
        else
            cntcp< = cntcp + 1;
        end if;
    end if;
end process divcpin;
getsel:
    process(cp,cntsel)
    begin
        if  rising_edge(cp)  then
            if  cntsel = "111"  then
                cntsel< = "000";
            else
                cntsel< = cntsel + '1';
            end if;
        end if;
    end process getsel;
getnumber:
    process(fval,cntsel)
    begin
        case  fval  is
            when  0  to  9   = >   unit< = fval;ten< = 0;hund< = 0;
            when  10  to  19  = >   unit< = fval - 10;ten< = 1;hund< = 0;
            when  20  to  29  = >   unit< = fval - 20;ten< = 2;hund< = 0;
            when  30  to  39  = >   unit< = fval - 30;ten< = 3;hund< = 0;
            when  40  to  49  = >   unit< = fval - 40;ten< = 4;hund< = 0;
            when  50  to  59  = >   unit< = fval - 50;ten< = 5;hund< = 0;
            when  60  to  69  = >   unit< = fval - 60;ten< = 6;hund< = 0;
            when  70  to  79  = >   unit< = fval - 70;ten< = 7;hund< = 0;
            when  80  to  89  = >   unit< = fval - 80;ten< = 8;hund< = 0;
            when  90  to  99  = >   unit< = fval - 90;ten< = 9;hund< = 0;
            when  100    = >   unit< = 0;ten< = 0;hund< = 1;
            when  others   = >   null;
        end case;
```

```
              case  cntsel  is
                  when  "000"  => tran<=unit;
                  when  "001"  => tran<=ten;
                  when  "010"  => tran<=hund;
                  when  others => tran<=10;
              end case;
          end process getnumber;
  decode:
      process(tran)
      begin
          case  tran  is
              when  0  => q<="0111111";
              when  1  => q<="0000110";
              when  2  => q<="1011011";
              when  3  => q<="1001111";
              when  4  => q<="1100110";
              when  5  => q<="1101101";
              when  6  => q<="1111101";
              when  7  => q<="0000111";
              when  8  => q<="1111111";
              when  9  => q<="1101111";
              when  10 => q<="0000000";
          end case;
      end process decode;
      sel<=cntsel;
      pwmout<=pwm;
  end one;
```

14.6.4　项目连线

输入 cpin:连接数字时钟源,频率在 4.88～312.5 kHz 之间;

输入 oe:连接拨码开关;

输出 pwmout:连接一支 LED;

输出 q6～q0:连接数码管字段输入端,q6 对应字段 g,q0 对应字段 a;

输出 sel2～sel0:连接数码管位选输入端。

14.6.5　项目现象

当 oe 为低电平时,LED 熄灭;当 oe 为高电平时,LED 从熄灭到最亮,再从最亮到熄灭,反复循环;数码管显示时时的 PWM 控制值。

复习思考题

1. 设计实现"丁"字路口交通灯控制器。

设计要求：主干线一侧为长通行状态，另一侧绿灯 30 秒、黄灯 3 秒、红灯 25 秒；支线绿灯 25 秒、黄灯 3 秒、红灯 30 秒。

2. 设计实现 600 秒计时器。

设计要求：以加法形式记录并显示 600 秒；自动循环。

3. 设计实现 1000 秒倒计时器。

设计要求：以减法形式记录并显示 1000 秒；自动循环。

4. 设计实现等精度频率计。

设计要求：测量并显示 10 MHz 以下的方波信号频率，误差不超过 10%。

5. 设计实现余弦函数波形发生器。

设计要求：产生稳定的余弦波信号，频率在 0.1～100 kHz 内可调。

6. 设计实现 6 层楼楼道灯控制器。

设计要求：楼道灯受光度、声音控制；每层灯亮 15 秒后自动熄灭。

7. 设计实现四路直流电动机调速控制器。

设计要求：能够以 PWM 方式同时调整四路直流电动机的转速。

第15章　ARM嵌入式系统实训

15.1　嵌入式系统概述

嵌入式系统(Embedded System),是一种"完全嵌入受控器件内部,为特定应用而设计的专用计算机系统",根据IEEE(电气和电子工程师协会)的定义,嵌入式系统是"控制、监视或者辅助装置、机器和设备运行的装置"(devices used to control, monitor, or assist the operation of equipment, machinery or plants)。与个人计算机这样的通用计算机系统不同,嵌入式系统通常执行的是带有特定要求的预先定义的任务。国内一个普遍被认同的定义是:以应用为中心,以计算机技术为基础,软件硬件可裁剪,适应应用系统对功能、可靠性、成本、体积、功耗严格要求的专用计算机系统。

15.1.1　嵌入式系统的特点

与通用计算机系统相比,嵌入式系统具有以下特点:

(1) 系统内核小。由于嵌入式系统一般是应用于小型电子装置的,系统资源相对有限,所以内核较之传统的操作系统要小得多。

(2) 专用性强。嵌入式系统的个性化很强,其中的软件系统和硬件的结合非常紧密,一般要针对硬件进行系统的移植,即使在同一品牌、同一系列的产品中也需要根据系统硬件的变化和增减不断进行修改。

(3) 系统精简。嵌入式系统一般没有系统软件和应用软件的明显区分,不要求其功能设计及实现上过于复杂,这样一方面利于控制系统成本,另一方面也利于实现系统安全。

(4) 高实时性的系统软件(OS)是嵌入式软件的基本要求。而且软件要求固态存储,以提高速度;软件代码要求高质量和高可靠性。

(5) 嵌入式软件开发要想走向标准化,就必须使用多任务的操作系统。嵌入式系统的应用程序可以没有操作系统,直接在芯片上运行;但是为了合理地调度多任务、利用系统资源、系统函数以及和专家库函数接口,用户必须自行选配RTOS(Real-Time Operating System)开发平台,这样才能保证程序执行的实时性、可靠性,并减少开发时间,保障软件质量。

(6) 嵌入式系统开发需要开发工具和环境。由于其本身不具备自举开发能力,即使设计完成以后用户通常也是不能对其中的程序功能进行修改的,必须有一套开发工具和环境才能进行开发,这些工具和环境一般是基于通用计算机上的软硬件设备以及各种逻辑分析仪、混合信号示波器等。开发时往往有主机和目标机的概念,主机用于程序的开发,目标机作为最后的执行机,开发时需要交替结合进行。

15.1.2 嵌入式系统的组成

嵌入式系统一般由嵌入式微处理器、外围硬件设备、嵌入式操作系统、特定的应用程序嵌入式系统组成,用于实现对其他设备的控制、监视或管理等功能。

基于硬件来说,硬件层中包含嵌入式微处理器、存储器(SDRAM、ROM、FLASH 等)、通用设备接口和 I/O 接口(A/D、D/A、I/O 等)。在一片嵌入式处理器基础上添加电源电路、时钟电路和存储器电路,就构成了一个嵌入式核心控制模块。其中操作系统和应用程序都可以固化在 ROM 中。目前主要的嵌入式处理器类型有 MIPS、Power PC、X86 和 SC-400、ARM/StrongArm 系列等。其中 ARM/StrongArm 系列是专为手持设备开发的嵌入式处理器。

基于软件来说,软件包括操作系统(嵌入式操作系统)和应用程序(应用软件)。嵌入式操作系统(EOS)具有一定的通用性,常用的如 uC/OS-II/VxWindows、Windows CE、Linux、pSOS、VRTX、PalmOS、QNX、EPOC 等,不同 EOS 有不同的适用范围。嵌入式应用软件种类繁多,不同的嵌入式系统具有完全不同的嵌入式应用软件。

目前,低层系统和硬件平台经过若干年的研究,已经相对比较成熟,实现各种功能的芯片应有尽有。软件方面,也有相当部分的成熟软件系统。我们可以在网上找到各种各样的免费资源,从各大厂商的开发文档,到各种驱动、程序源代码,甚至很多厂商还提供微处理器的样片。这对于我们从事这方面的研发,无疑是个资源宝库。巨大的市场需求也给我们提供了学习研发的资金和技术力量。

15.2 ARM 实验箱硬件资源概述

UP-NETARM2410/PXA270 教学科研系统属于一种综合的教学实验系统,如图 15-1 所示。UP-NETARM2410 平台的硬件配置如表 15-1 所示。

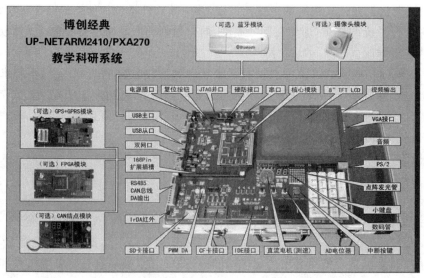

图 15-1　UP-NETARM2410/PXA270 教学科研系统

表 15-1　UP-NETARM2410 平台的硬件配置

配置名称	型　　号	说明
CPU	ARM920T 结构芯片三星 S3C2410X	工作频率 203 MHz
FLASH	SAMSUNG K9F1208	64 M NAND
SDRAM	HY57V561620AT-H	32 M×2＝64 M
EtherNet 网卡	DM9000AE	10/100 M 自适应
LCD	LQ080V3DG01　8 寸	16 bit TFT
触摸屏	SX	80
USB 接口	4 个 HOST /1 个 DEVICE	由 AT43301 构成 USB HUB
AD	由 S3C2410 芯片引出	3 个电位器控制输入
AUDIO	IIS 总线,UDA1341 芯片	44.1 kHz 音频
扩展卡插槽	168Pin EXPORT	总线直接扩展
GPS_GPRS 扩展板	SIMCOM SIM300 GPRS 模块,Trimble'S GPS	支持双道语音通信
IDE/CF 卡插座	笔记本硬盘,CF 卡	
PS2	PC 键盘和鼠标	由 ATMEGA8 单片机控制
IC 卡座	AT24CXX 系列	由 ATMEGA8 单片机控制
LED	8x8 矩阵 LED 及 2 个 LED 数码管	由总线控制
VGA	VGA 输出	
中断键	1 个	ENT 控制
LED	由 3 个 I/O 口控制	
DC 电机	由 PWM 控制	闭环测速功能
CAN BUS	由 MCP2510 和 TJA1050 构成	
Double DA	MAX504	一个 10 位 DAC 端口
调试接口	板载 JTAG,直接支持下载与仿真	25 针

15.2.1　主要芯片介绍

1. CPU 芯片:S3C2410cl

教学科研系统的 CPU 为 S3C2410cl,是 SAMSUNG 公司开发的一款基于 ARM920T 内核和 0.18 μm CMOS 工艺的 16/32 位 RISC 处理器,工作频率最高为 202 MHz,适用于低成本、低功耗、高性能的手持设备或其他电子产品。S3C2410 核心板集成有 64M SDRAM 和 64M NAND Flash。S3C2410cl 芯片集成了大量的功能单元,包括:

(1) 内部 1.8 V,存储器 3.3 V,外部 I/O 3.3 V,16 kB 数据 CACH,16 kB 指令 CACH, MMU;

(2) 内置外部存储器控制器(SDRAM 控制和芯片选择逻辑);

(3) LCD 控制器(最高 4K 色 STN 和 256K 彩色 TFT),一个 LCD 专用 DMA;

（4）4 路带外部请求线的 DMA；

（5）三个通用异步串行端口（IrDA1.0，16-Byte Tx FIFO，and 16-Byte Rx FIFO），2 通道 SPI；

（6）一个多主 IIC 总线，一个 IIS 总线控制器；

（7）SD 主接口版本 1.0 和多媒体卡协议版本 2.11 兼容；

（8）两个 USB HOST，一个 USB DEVICE（VER1.1）；

（9）四个 PWM 定时器和一个内部定时器；

（10）看门狗定时器；

（11）117 个通用 I/O；

（12）24 个外部中断；

（13）电源控制模式：标准、慢速、休眠、掉电；

（14）8 通道 10 位 ADC 和触摸屏接口；

（15）带日历功能的实时时钟；

（16）芯片内置 PLL；

（17）设计用于手持设备和通用嵌入式系统；

（18）16/32 位 RISC 体系结构，使用 ARM920T CPU 核的强大指令集；

（19）ARM 带 MMU 的先进的体系结构支持 WINCE、EPOC32、Linux；

（20）指令缓存（Cache）、数据缓存、写缓冲和物理地址 TAG RAM，减小了对主存储器带宽和性能的影响；

（21）ARM920T CPU 核支持 ARM 调试的体系结构；

（22）内部先进的位控制器总线（AMBA2.0，AHB/APB）

CUP 芯片结构图如图 15-2 所示。

2. 存储芯片：K9F1208

K9F1208 是由 SAMSUNG 公司开发的一款 FLASH 芯片，FLASH 芯片是应用非常广泛的存储芯片，与之容易混淆的是 RAM 芯片，也就是动态内存，它们之间主要的区别在于 RAM 芯片失电后数据会丢失，FLASH 芯片失电后数据不会丢失。这里简单介绍一下计算机的信息是怎样储存的。计算机用的是二进制，也就是 0 与 1。在二进制中，0 与 1 可以组成任何数。而计算机的器件都有两种状态，可以表示 0 与 1。比如晶体管的断电与通电、磁性物质的已被磁化与未被磁化、物质平面的凹与凸，都可以表示 0 与 1。这样我们控制电源的开关状态即能控制存储信息的内容。

15.2.2 主要外围设备介绍

1. 串行接口

串行接口（Serial Interface）简称串口，也称串行通信接口（通常指 COM 接口），是采用串行通信方式的扩展接口。串行接口是指数据一位一位地顺序传送，其特点是通信线路简单，只要一对传输线就可以实现双向通信（可以直接利用电话线作为传输线），从而大大降低了成本，特别适用于远距离通信，但传送速度较慢。一条信息的各位数据被逐位按顺序传送的通信方式称为串行通信。串行通信的特点是：数据位的传送，按位顺序进行，最少只需一根传输线即可完成；成本低但传送速度慢。串行通信的距离可以从几米到几千米；根据信息的传送方向，串行通信可以进一步分为单工、半双工和全双工三种。

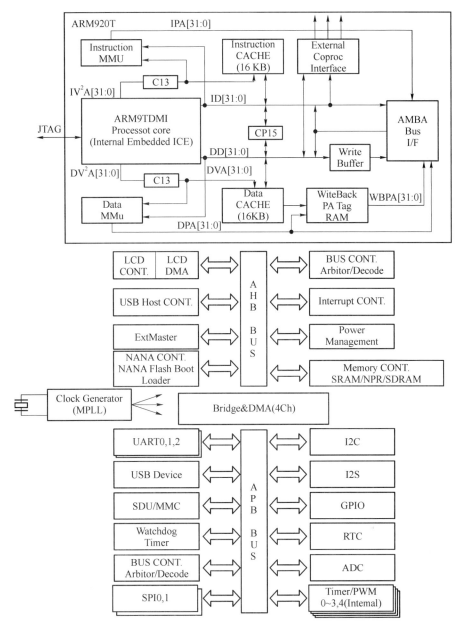

图 15-2　S3C2410 体系结构

2. A/D 转换器

A/D 转换器是模拟信号源和 CPU 之间联系的接口，它的任务是将连续变化的模拟信号转换为数字信号，以便计算机和数字系统进行处理、存储、控制和显示。在工业控制和数据采集及许多其他领域中，A/D 转换是不可缺少的。A/D 转换器有以下类型：逐位比较型、积分型、计数型、并行比较型、电压－频率型，主要应根据使用场合的具体要求，按照转换速度、精度、价格、功能以及接口条件等因素来决定选择何种类型。

3. CAN 总线

CAN 全称为 Controller Area Network，即控制器局域网，是国际上应用最广泛的现场总线之一。最初 CAN 总线被设计作为汽车环境中的微控制器通信，在车载各电子控制装置

ECU 之间交换信息,形成汽车电子控制网络。比如,发动机管理系统、变速箱控制器、仪表装备、电子主干系统中均嵌入 CAN 控制装置。一个由 CAN 总线构成的单一网络中,理论上可以挂接无数个节点。但是,实际应用中节点数目受网络硬件的电气特性所限制。例如,当使用 Philips P82C250 作为 CAN 收发器时,同一网络中允许挂接 110 个节点。CAN 可提供高达 1 Mbit/s 的数据传输速率,这使实时控制变得非常容易。另外,硬件的错误检定特性也增强了 CAN 的抗电磁干扰能力。CAN 总线的主要优点包括:

- 低成本;
- 极高的总线利用率;
- 很远的数据传输距离(长达 10 千米);
- 高速的数据传输速率(高达 1 Mbit/s);
- 可根据报文的 ID 决定接收或屏蔽该报文;
- 可靠的错误处理和检错机制;
- 发送的信息遭到破坏后可自动重发;
- 节点在错误严重的情况下具有自动退出总线的功能;
- 报文不包含源地址或目标地址仅用标志符来指示功能信息优先级信。

15.3　ARM 嵌入式开发软体介绍

嵌入式开发环境有以下 3 个方案:①基于 PC Windows 操作系统下的 CYGWIN;②在 Windows 下安装虚拟机后,再在虚拟机中安装 Linxux 操作系统;③直接安装 Linux 操作系统。我们这里使用的是第②套解决方案,即 Windows 下安装虚拟机后,再在虚拟机中安装 Linxux 操作系统,这里使用的虚拟机是由 VMwere 公司开发的 VMware Workstation 虚拟机。在虚拟机上安装的 Linux 系统是红帽公司开发的 Linux 系统 Red Hat Enterprise Linux。

15.3.1　VMware Workstation

VMware Workstation 是一款功能强大的桌面虚拟计算机软件,提供用户可在单一的桌面上同时运行不同的操作系统,和进行开发、测试、部署新的应用程序的最佳解决方案。VMware Workstation 可在一部实体机器上模拟完整的网络环境,以及可便于携带的虚拟机器,其更好的灵活性与先进的技术胜过了市面上其他的虚拟计算机软件。对于企业的 IT 开发人员和系统管理员而言,VMware 在虚拟网络、实时快照、拖曳共享文件夹、支持 PXE 等方面的特点使它成为必不可少的工具。VMware 虚拟机视图如图 15-3 所示。

15.3.2　Linux 操作系统

Linux 是一套免费使用和自由传播的类 UNIX 操作系统,是一个基于 POSIX 和 UNIX 的多用户、多任务、支持多线程和多 CPU 的操作系统。它能运行主要的 UNIX 工具软件、应用程序和网络协议。它支持 32 位和 64 位硬件。Linux 继承了 UNIX 以网络为核心的设计思想,是一个性能稳定的多用户网络操作系统。Linux 操作系统诞生于 1991 年 10 月 5 日,存在着许多不同的 Linux 版本,但它们都使用了 Linux 内核。Linux 可安装在各种计算机硬件设

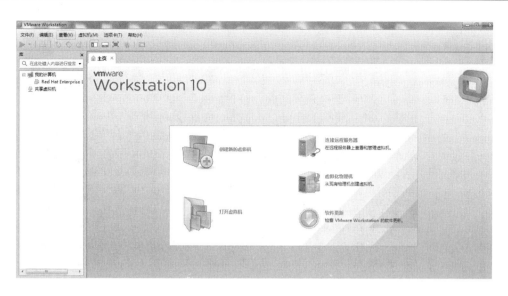

图 15-3　VMware Workstation 虚拟机视图

备中，比如手机、平板电脑、路由器、视频游戏控制台、台式计算机、大型机和超级计算机。我们使用的是 Linux 系统是红帽公司开发的 Red Hat Linux，红帽公司是全球最大的开源技术厂家，其产品 Red Hat Enterprise Linux 也是全世界应用最广泛的 Linux。

启动 Linux 系统的操作步骤如下：

运行 Windows 系统下（以 Windows XP 为例）"开始"→"所有程序"→"VMwere Workstation"启动 VM 虚拟机，在虚拟机左侧边框栏选择要启动的 Linux 虚拟系统，虚拟机界面会出现如图 15-4 的变化，在这个界面我们可以了解该 Linux 系统的一些设备信息并可以通过控制开关控制虚拟系统的开关状态与修改虚拟的设备参数。

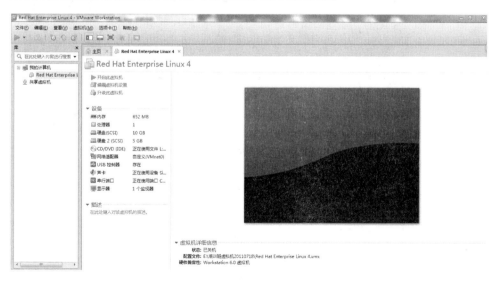

图 15-4　启动 VM 虚拟机

单击界面中开启此虚拟机，虚拟系统则会启动，启动程序会访问相关硬件设备，此过程需等待 1～2 分钟（具体情况由计算机相关配置决定），Linux 系统启动后界面如图 15-5 所示。

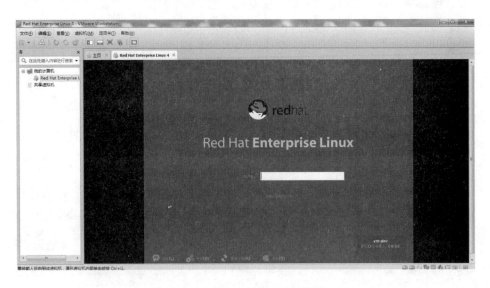

图 15-5　Linux 系统启动后界面

在此界面输入账号：root；密码：123456，按 Enter 键即可进入 Linux 系统，在 Linux 系统桌面中，双击终端图标打开终端对话框，如图 15-6 所示，在终端对话框里即可输入指令操作 Linux 系统。

图 15-6　终端对话框

15.3.3　超级终端

终端，即计算机显示终端，是计算机系统的输入/输出设备。计算机显示终端伴随主机时代的集中处理模式而产生，并随着计算技术的发展而不断发展。迄今为止，计算技术经历了主机时代、PC 时代和网络计算时代这三个发展时期，终端与计算技术发展的三个阶段相适应，应用也经历了字符终端、图形终端和网络终端这三个形态。超级终端是一个通用的串行交互软件，很多嵌入式应用的系统有与之交换的相应程序，通过这些程序，可以通过超级终端与嵌入式系统交互，使超级终端成为嵌入式系统的"显示器"。

建立超级终端的操作步骤如下：

运行 Windows 系统下(以 Windows XP 为例)"开始"→"所有程序"→"附件"→"通信"→"超级终端(HyperTerminal)。"

注意:在 Windows XP 操作系统下,当初次建立超级终端的时候,会出现如图 15-7 所示的对话框,请在"□"中打上√,并单击"否"按钮。

图 15-7　超级终端建立时选择对话框

如果要求输入区号、电话号码等信息请随意输入,当出现如图 15-8 所示对话框时,为所建超级终端取名为"arm",可以为其选一个图标。单击"确定"按钮。

在接下来的对话框中选择 ARM 开发平台实际连接的 PC 串口(如 COM1),单击"确定"按钮后出现如图 15-9 所示的属性对话框,设置通信的格式和协议。这里波特率为 115200,数据位为 8,无奇偶校验,停止位 1,无数据流控制。单击"确定"按钮完成设置。

图 15-8　通信终端对话框

图 15-9　端口设置

完成新建超级终端的设置以后,可以选择超级终端文件菜单中的"另存为",把设置好的超级终端保存在桌面上,以备后用。用串口线将 PC 串口和平台 UART0 正确连接后,就可以在超级终端上看到程序输出的信息了。

15.4　ARM 嵌入式具体开发流程

1. 开发流程

(1)启动 VM 虚拟机。

(2)启动 Linux 系统。

（3）打开 Linux 系统终端界面。

（4）进入实验文件夹建立工作目录：

[root@zxt   /]＃ cd arm2410cl/exp/basic

[root@zxt basic]＃ mkdir hello

[root@zxt basic]＃ cd hello

（5）编写程序源代码。

在 Linux 下的文本编辑器有许多，常用的是 vim 和 Xwindow 界面下的 gedit 等，我们在开发过程中推荐使用 vim，如果需要学习 vim 的操作方法，请参考相关书籍中的关于 vim 的操作指南。Kdevelope、anjuta 软件的界面与 VC6.0 类似，使用它们对于熟悉 Windows 环境下开发的用户更容易上手。

实际的 hello.c 源代码较简单，如下：

```
＃include <stdio.h>
main()
{
    printf("hello world \n");
}
```

我们可以是用下面的命令来编写 hello.c 的源代码，进入 hello 目录使用 vi 命令来编辑代码：

[root@zxt hello]＃ vi hello.c

按"i"或者"a"进入编辑模式，将上面的代码录入进去，完成后按 Esc 键进入命令状态，再用命令":wq"保存并退出。这样我们便在当前目录下建立了一个名为 hello.c 的文件。

（6）编写 Makefile。

要使上面的 hello.c 程序能够运行，我们必须要编写一个 Makefile 文件，Makefile 文件定义了一系列的规则，它指明了哪些文件需要编译，哪些文件需要先编译，哪些文件需要重新编译等更为复杂的命令。使用它带来的好处就是自动编译，我们只需要敲一个"make"命令，整个工程就可以实现自动编译，当然我们本次实验只有一个文件，它还不能体现出使用 Makefile 的优越性，但当工程比较大文件比较多时，不使用 Makefile 几乎是不可能的。下面我们介绍本次实验用到的 Makefile 文件。

```
CC = armv4l - unknown - Linux - gcc
EXEC = hello
OBJS = hello.o
CFLAGS +=
LDFLAGS +=- static
all: $ (EXEC)
$ (EXEC): $ (OBJS)
$ (CC) $ (LDFLAGS) - o $@ $ (OBJS)
clean:
 - rm - f MYM(EXEC) * .elf * .gdb * .o
```

Makefile 文件的几个主要部分如下：

CC:指明编译器；

EXEC：表示编译后生成的执行文件名称；

OBJS：目标文件列表；

CFLAGS：编译参数；

LDFLAGS：连接参数；

all：编译主入口；

clean：清除编译结果。

与上面编写 hello.c 的过程类似，用 vi 来创建一个 Makefile 文件并将代码录入其中：

［root@zxt hello］# vi Makefile

（7）编译应用程序。

在上面的步骤完成后，我们就可以在 hello 目录下运行"make"来编译我们的程序了。如果进行了修改，重新编译则运行：

［root@zxt hello］# make clean

［root@zxt hello］# make

（8）建立超级终端。

（9）启动实验箱。

（10）挂载 Linux 开发平台与超级终端。

在宿主计算机上启动 NFS 服务，并设置好共享的目录，之后在开发板上运行"mount-t nfs-o 192.168.0.10：/arm2410　/host"（实际 IP 地址要根据实际情况修改），挂接宿主机的根目录。成功之后在开发板上进入/host 目录便相应进入宿主机的/arm2410 目录，再进入开发程序目录运行刚刚编译好的 hello 程序，查看运行结果。开发板挂接宿主计算机目录只需要挂接一次便可，只要开发板没有重起，就可以一直保持连接。这样可以反复修改、编译、调试，不需要下载到开发板的过程。

（11）在超级终端中进入相应的工作文件夹并执行执行文件：

［/］cd host/exp/basic/hello

［/host/exp/basic/hello］ls

hello.c　hello.o　Makefile　hello

［/host/exp/basic/hello］./hello

（12）查看实验现象。

2．Linux 常用命令

（1）基本命令

ls：以默认方式显示当前目录文件列表。

ls-a：显示所有文件包括隐藏文件。

ls-l：显示文件属性，包括大小、日期、符号连接、是否可读写及是否可执行。

cd 目录：切换到当前目录下的子目录。

cd/：切换到根目录。

cd..：切换到到上一级目录。

rm〈file〉：删除某一个文件。

rm-rf dir：删除当前目录下叫 dir 的整个目录（包括下面的文件或子目录）。

cp〈source〉〈target〉：将文件 source 复制为 target。

cp /root/source .：将/root 下的文件 source 复制到当前目录。

mv〈source〉〈target〉：将文件 source 更名为 target。

cat〈file〉：显示文件的内容，和 DOS 的 type 相同。

find /path-name〈file〉：在/path 目录下查找看是否有文件 file。

vi〈file〉：编辑文件 file。

man ls：读取关于 ls 命令的帮助。

startx：运行 Linux 图形环境。

shutdown-h now：关闭计算机。

reboot：重新启动计算机。

（2）扩展命令

Tar：压缩、解压文件。

① 解压文件

tar 文件：tar xf xxx. tar

gz 文件：tar xzvf xxx. tar. gz

bz2 文件：tar xjvf xxx. tar. bz2

② 压缩文件

tar 文件：tar cf xxx. tar /path

gz 文件：tar czvf xxx. tar. gz /path

bz2 文件：tar cjvf xxx. tar. bz2 /path

mount-t ext2 /dev/hda1 /mnt ：把/dev/hda1 装载到/mnt。

mount-t iso9660 /dev/cdrom /mnt/cdrom：将光驱加载到/mnt/cdrom。

mount-t nfs 192.168.1.1:/sharedir /mnt：将 nfs 服务的共享目录 sharedir 加载到/mnt/nfs。

umount /dev/hda1：将/dev/hda1 设备卸载，设备必须处于空闲状态。

ifconfig eth0 192.168.1.1 netmask 255.255.255.0：设置网卡 1 的地址为 192.168.1.1，掩码为 255.255.255.0，不写 netmask 参数则默认为 255.255.255.0。

ping 163.com：测试与 163.com 的连接。

ping 202.96.128.68：测试与 IP：202.96.128.68 的连接。

说明：大家可以通过以上命令对实验箱进行简单操作，若想运行实验箱中的 DEMO 程序，请参照《2410-CL DEMO 程序演示操作说明》。

15.5　嵌入式 Linux 开发技术基础设计实训

15.5.1　多线程应用程序设计

实验内容：

读懂 pthread.c 的源代码，熟悉几个重要的 PTHREAD 库函数的使用。掌握共享锁和信号量的使用方法。进入/arm2410cl/exp/basic/02_pthread 目录，运行 make 产生 pthread 程序，使用 NFS 方式连接开发主机进行运行实验。

实验代码：

```
#include <stdio.h>
```

```c
#include <stdlib.h>
#include <time.h>
#include "pthread.h"
#define BUFFER_SIZE 16
/* 设置一个整数的圆形缓冲区 */
struct prodcons {
  int buffer[BUFFER_SIZE]; /* 缓冲区数组 */
  pthread_mutex_t lock;    /* 互斥锁 */
  int readpos, writepos;   /* 读写的位置 */
  pthread_cond_t notempty; /* 缓冲区非空信号 */
  pthread_cond_t notfull;  /* 缓冲区非满信号 */
};
/* ------------------------------------------------------ */
/* 初始化缓冲区 */
void init(struct prodcons * b)
{
  pthread_mutex_init(&b->lock, NULL);
  pthread_cond_init(&b->notempty, NULL);
  pthread_cond_init(&b->notfull, NULL);
  b->readpos = 0;
  b->writepos = 0;
}
/* ------------------------------------------------------ */
/* 向缓冲区中写入一个整数 */
void put(struct prodcons * b, int data)
{
  pthread_mutex_lock(&b->lock);
    /* 等待缓冲区非满 */
    while ((b->writepos + 1) % BUFFER_SIZE == b->readpos) {
    printf("wait for not full\n");
    pthread_cond_wait(&b->notfull, &b->lock);
    }
  /* 写数据并且指针前移 */
    b->buffer[b->writepos] = data;
    b->writepos ++ ;
    if (b->writepos >= BUFFER_SIZE) b->writepos = 0;
  /* 设置缓冲区非空信号 */
    pthread_cond_signal(&b->notempty);
  pthread_mutex_unlock(&b->lock);
}
```

```
/* ------------------------------------------------ */
/* 从缓冲区中读出一个整数 */
int get(struct prodcons * b)
{
    int data;
  pthread_mutex_lock(&b->lock);
  /* 等待缓冲区非空 */
  while (b->writepos == b->readpos) {
  printf("wait for not empty\n");
  pthread_cond_wait(&b->notempty, &b->lock);
  }
  /* 读数据并且指针前移 */
  data = b->buffer[b->readpos];
  b->readpos++;
  if (b->readpos >= BUFFER_SIZE) b->readpos = 0;
  /* 设置缓冲区非满信号 */
  pthread_cond_signal(&b->notfull);
  pthread_mutex_unlock(&b->lock);
  return data;
}
/* ------------------------------------------------ */
#define OVER (-1)
struct prodcons buffer;
/* ------------------------------------------------ */
void * producer(void * data)
{
    int n;
    for (n = 0; n < 1000; n++) {
    printf("put --> %d\n", n);
    put(&buffer, n);
}
  put(&buffer, OVER);
  printf("producer stopped! \n");
  return NULL;
}
/* ------------------------------------------------ */
void * consumer(void * data)
{
  int d;
  while (1) {
```

```
            d = get(&buffer);
            if (d == OVER ) break;
            printf("    %d-->get\n", d);
    }
    printf("consumer stopped! \n");
    return NULL;
}
/* ------------------------------------------------------- */
int main(void)
{
    pthread_t th_a, th_b;
    void * retval;
    init(&buffer);
    pthread_create(&th_a, NULL, producer, 0);
    pthread_create(&th_b, NULL, consumer, 0);
    /* 等待生产者和消费者结束 */
    pthread_join(th_a, &retval);
    pthread_join(th_b, &retval);
    return 0;
}
```

实训步骤：

1. 阅读源代及编译应用程序

进入开发主机中/arm2410cl/exp/basic/02_pthread 目录，使用 vi 编辑器或其他编辑器阅读理解源代码,运行 make 产生 pthread 可执行文件。

2. 下载和调试

切换到超级终端窗口,使用挂载指令将开发主机的/arm2410cl 共享到/host 目录。

[/mnt/yaffs]cd /

[/]mount -t nfs -o nolock 192.168.0.12:/arm2410cl /host/

[/]ls

[/]cd /host/exp/basic/02_pthread/

[/host/exp/basic/02_pthread]ls

[/host/exp/basic/02_pthread]./pthread 现象：

wait for not empty

 put-->994

 put-->995

 put-->996

 put-->997

 put-->998

 put-->999

 producer stopped!

```
                               993 -- >get
                               994 -- >get
                               995 -- >get
                               996 -- >get
                               997 -- >get
                               998 -- >get
                               999 -- >get
```

consumer stopped!

15.5.2 串行端口程序设计

实训内容：

读懂程序源代码，了解终端 I/O 函数的使用方法，学习将多线程编程应用到串口的接收和发送程序设计中。

代码：

```c
# include <termios.h>
# include <stdio.h>
# include <unistd.h>
# include <fcntl.h>
# include <sys/signal.h>
# include <pthread.h>
# define BAUDRATE B115200
# define COM1 "/dev/ttyS0"
# define COM2 "/dev/ttyS1"
# define ENDMINITERM 27 /* ESC to quit miniterm */
# define FALSE 0
# define TRUE 1
volatile int STOP = FALSE;
volatile int fd;
void child_handler(int s)
{
  printf("stop!!! \n");
  STOP = TRUE;
}
/* ----------------------------------------------------------- */
void * keyboard(void * data)
{
    int c;
for (;;){
  c = getchar();
    if( c == ENDMINITERM){
```

```
        STOP = TRUE;
        break ;
        }
}
    return NULL;
}
/* ------------------------------------------------ */
/* modem input handler */
void * receive(void * data)
{
int c;
    printf("read modem\n");
    while (STOP = = FALSE)
    {
    read(fd,&c,1); /* com port */
    write(1,&c,1); /* stdout */
    }
    printf("exit from reading modem\n");
    return NULL;
}
/* ------------------------------------------------ */
void * send(void * data)
{
int c = '0';
    printf("send data\n");
    while (STOP = = FALSE) /* modem input handler */
    {
    c + + ;
    c % = 255;
    write(fd,&c,1); /* stdout */
    usleep(100000);
    }
    return NULL; }
/* ------------------------------------------------ */
int main(int argc,char * * argv)
{
struct termios oldtio,newtio,oldstdtio,newstdtio;
struct sigaction sa;
int ok;
    pthread_t th_a, th_b, th_c;
```

```
    void * retval;
  if( argc > 1)
    fd = open(COM2, O_RDWR );
    else
      fd = open(COM1, O_RDWR ); //| O_NOCTTY |O_NONBLOCK);
  if (fd < 0) {
    error(COM1);
    exit(-1);
    }
    tcgetattr(0,&oldstdtio);
    tcgetattr(fd,&oldtio); /* save current modem settings */
    tcgetattr(fd,&newstdtio); /* get working stdtio */
newtio.c_cflag = BAUDRATE | CRTSCTS | CS8 | CLOCAL | CREAD; /* ctrol flag */
newtio.c_iflag = IGNPAR; /* input flag */
newtio.c_oflag = 0;   /* output flag */
newtio.c_lflag = 0;
newtio.c_cc[VMIN] = 1;
newtio.c_cc[VTIME] = 0;
/* now clean the modem line and activate the settings for modem */
tcflush(fd, TCIFLUSH);
tcsetattr(fd,TCSANOW,&newtio); /* set attrib */
sa.sa_handler = child_handler;
sa.sa_flags = 0;
sigaction(SIGCHLD,&sa,NULL); /* handle dying child */
pthread_create(&th_a, NULL, keyboard, 0);
pthread_create(&th_b, NULL, receive, 0);
pthread_create(&th_c, NULL, send, 0);
pthread_join(th_a, &retval);
pthread_join(th_b, &retval);
pthread_join(th_c, &retval);
tcsetattr(fd,TCSANOW,&oldtio); /* restore old modem setings */
tcsetattr(0,TCSANOW,&oldstdtio); /* restore old tty setings */
close(fd);
exit(0);
}
```

实训步骤：

1. 阅读理解源码

进入开发主机中/arm2410cl/exp/basic/03_tty 目录,使用 vi 编辑器或其他编辑器阅读理解源代码。

2．编译应用程序

运行 make 产生 term 可执行文件：

［root@zxt /］# cd /arm2410cl/exp/basic/03_tty/

［root@zxt 03_tty］# ls

［root@zxt 03_tty］# make

armv4l－unknown－linux－gcc　－c　－o term.o term.c

armv4l－unknown－linux－gcc　－o ../bin/term term.o　－lpthread

armv4l－unknown－linux－gcc　－o term term.o　－lpthread

［root@zxt 03_tty］# ls

Makefile　Makefile.bak　term　term.c　term.o　tty.c

3．下载调试

切换到超级终端窗口，使用挂载指令将开发主机的/arm2410cl 共享到/host 目录。进入/host/exp/basic/03_tty 目录，运行 term，观察运行结果的正确性。

［/mnt/yaffs］cd /

［/］mount　－t nfs　－o nolock 192.168.0.12:/arm2410cl /host

［/］cd /host/exp/basic/03_tty/

［/host/exp/basic/03_tty］ls

［/host/exp/basic/03_tty］./term

现象：

read modem

　　　　　　　　send data

　　　　　　　　　　123456789:;＜＝＞? @ABCDEFGHIJKLMNOPQRSTUVWX

注意：如果在执行./term 时出现下面的错误，可以通过我们前文提到的方法建立一个连接来解决。

/dev/ttyS0：No such file or directory

解决方法：

［/］cd /dev

［/dev］ln-s/dev/tts/0 ttyS0（注意首字母是 l，不是数字 1）

由于内核已经将串口 1 作为终端控制台，所以可以看到 term 发出的数据，却无法看到开发主机发来的数据，可以使用另外一台主机连接串口 2 进行收发测试；这时要修改一下执行命令，在 term 后要加任意参数（下面以 ./term www 为例）。

按 Ctrl＋C 键或者 Esc 键可使程序强行退出。

注意：如果在执行./term www　时出现下面的错误，可以通过我们前文提到的方法建立两个连接来解决。

/dev/ttyS0：No such file or directory

解决方法：

［/］cd /dev

［/dev］ln　－ s /dev/tts/0 ttyS0（注意首字母是 l，不是数字 1）

［/dev］ln　－ s /dev/tts/1 ttyS1（注意首字母是 l，不是数字 1）

15.5.3 A/D 接口实验

实验内容：

了解 A/D 接口原理，了解实现 A/D 系统对于系统的软件和硬件要求。阅读 ARM 芯片文档，掌握 ARM 的 A/D 相关寄存器的功能，熟悉 ARM 系统硬件的 A/D 相关接口。利用外部模拟信号编程实现 ARM 循环采集全部前 3 路通道，并且在超级终端上显示。

程序代码：

```
# include <stdio.h>
# include <unistd.h>
# include <sys/types.h>
# include <sys/ipc.h>
# include <sys/ioctl.h>
# include <pthread.h>
# include <fcntl.h>
# include "s3c2410-adc.h"
# define ADC_DEV "/dev/adc/0raw"
static int adc_fd = -1;
static int init_ADdevice(void)
{
    if((adc_fd = open(ADC_DEV, O_RDWR))<0){
    printf("Error opening %s adc device\n", ADC_DEV);
    return -1;
    }
}
static int GetADresult(int channel)
{
    int PRESCALE = 0XFF;
    int data = ADC_WRITE(channel, PRESCALE);
    write(adc_fd, &data, sizeof(data));
    read(adc_fd, &data, sizeof(data));
    return data;
}
static int stop = 0;
static void * comMonitor(void * data)
{
    getchar();
    stop = 1;
    return NULL;
}
int main(void)
```

```
{
  int i;
  float d;
  pthread_t th_com;
  void * retval;
  //set s3c44b0 AD register and start AD
  if(init_ADdevice()<0)
  return -1;
  /* Create the threads */
  pthread_create(&th_com, NULL, comMonitor, 0);
  printf("\nPress Enter key exit! \n");
  while( stop == 0 ){
  for(i = 0; i<= 2; i++){//采样 0~2 路 A/D 值
  d = ((float)GetADresult(i) * 3.3)/1024.0;
  printf("a%d = %8.4f\t",i,d);
  }
  usleep(1);
  printf("\r");
}
  /* Wait until producer and consumer finish. */
  pthread_join(th_com, &retval);
  printf("\n");
  return 0;
}
```

步骤：

1. 阅读理解源码

进入/arm2410cl/exp/basic/04_ad 目录,使用 vi 编辑器或其他编辑器阅读理解源代码。

2. 编译应用程序

运行 make 产生 ad 可执行文件：

```
[root@zxt /]# cd /arm2410cl/exp/basic/04_ad/
[root@zxt 04_ad]# ls
[root@zxt 04_ad]# make
armv4l-unknown-linux-gcc -c -o main.o main.c
armv4l-unknown-linux-gcc -o ../bin/ad main.o -lpthread
armv4l-unknown-linux-gcc -o ad main.o -lpthread
[root@zxt 04_ad]# ls
ad  hardware.h  main.o  Makefile.bak  s3c2410-adc.h
Bin  main.c  Makefile  readme.txt  src
[root@zxt 04_ad]# cd driver
[root@zxt driver]# ls
```

```
[root@zxt driver]# make
```

3. 下载调试

换到超级终端窗口,使用挂载指令将开发主机的/arm2410cl 共享到/host 目录。

```
[/mnt/yaffs]cd /
[/] mount - t nfs - o nolock 192.168.0.12:/arm2410cl /host
[/] cd /host/exp/basic/04_ad/driver/
[/host/exp/basic/04_ad/driver/]insmod s3c2410 - adc.o
Using s3c2410 - adc.o
```

运行应用程序 ad 产看结果:

```
[/host/exp/basic/04_ad/driver/]cd ..
[/host/exp/basic/04_ad]./ad
```

现象:

```
Press Enter key exit!
a0 = 0.0032 a1 = 3.2968 a2 = 3.2968
```

我们可以通过调节开发板上的三个黄色的电位器,来查看 a0、a1、a2 的变化。

15.5.4 CAN 总线通信实验

实训内容:

了解 CAN 总线通信原理,编程实现两台 CAN 总线控制器之间的通信。ARM 接收到 CAN 总线的数据后会在于终端显示,同时使用 CAN 控制器发送的数据也会在终端反显。MCP2510 设置成自回环的模式,CAN 总线数据自发自收。

程序代码:

```
#ifndef __UP_CAN_H__
#define __UP_CAN_H__
#define UPCAN_IOCTRL_SETBAND   0x1 //set can bus band rate
#define UPCAN_IOCTRL_SETID     0x2 //set can frame id data
#define UPCAN_IOCTRL_SETLPBK   0x3 //set can device in loop back mode or normal
mode
#define UPCAN_IOCTRL_SETFILTER     0x4 //set a filter for can device
#define UPCAN_IOCTRL_PRINTRIGISTER 0x5 // print register information of
spi andportE
#define UPCAN_EXCAN (1<<31) //extern can flag
typedef enum{
  BandRate_125kbps = 1,
  BandRate_250kbps = 2,
  BandRate_500kbps = 3,
  BandRate_1Mbps = 4
}CanBandRate;
typedef struct {
  unsigned int id; //CAN 总线 ID
```

```
  unsigned char data[8]; //CAN 总线数据
  unsigned char dlc; //数据长度
  int IsExt; //是否扩展总线
  int rxRTR; //是否扩展远程帧
}CanData, * PCanData;
typedef struct{
  unsigned int Mask;
  unsigned int Filter;
  int IsExt; //是否扩展 ID
}CanFilter, * PCanFilter;
main.c:
#include <stdio.h>
#include <unistd.h>
#include <fcntl.h>
#include <time.h>
//#include <sys/types.h>
//#include <sys/ipc.h>
#include <sys/ioctl.h>
#include <pthread.h>
//#include "hardware.h"
#include "up-can.h"
#define CAN_DEV "/dev/can/0"
static int can_fd = -1;
#define DEBUG
#ifdef DEBUG
#define DPRINTF(x...) printf("Debug:"##x)
#else
#define DPRINTF(x...)
#endif
static void * canRev(void * t)
{
  CanData data;
  int i;
  DPRINTF("can recieve thread begin.\n");
  for(;;){
    read(can_fd, &data, sizeof(CanData));
    for(i = 0;i<data.dlc;i++)
      putchar(data.data[i]);
    fflush(stdout);
  }
```

```c
    return NULL;
}
#define MAX_CANDATALEN 8
static void CanSendString(char * pstr)
{
    CanData data;
    int len = strlen(pstr);
    memset(&data,0,sizeof(CanData));
    data.id = 0x123;
    data.dlc = 8;
    for(;len>MAX_CANDATALEN;len-=MAX_CANDATALEN){
        memcpy(data.data, pstr, 8);
        //write(can_fd, pstr, MAX_CANDATALEN);
        write(can_fd, &data, sizeof(data));
        pstr += 8;
    }
    data.dlc = len;
    memcpy(data.data, pstr, len);
    //write(can_fd, pstr, len);
    write(can_fd, &data, sizeof(CanData));
}
int main(int argc, char ** argv)
{
    int i;
    pthread_t th_can;
    static char str[256];
    static const char quitcmd[] = "\q!";
    void * retval;
    int id = 0x123;
    char usrname[100] = {0,};
    if((can_fd = open(CAN_DEV, O_RDWR))<0){
        printf("Error opening %s can device\n", CAN_DEV);
        return 1;
    }
    ioctl(can_fd, UPCAN_IOCTRL_PRINTRIGISTER, 1);
    ioctl(can_fd, UPCAN_IOCTRL_SETID, id);
#ifdef DEBUG
    ioctl(can_fd, UPCAN_IOCTRL_SETLPBK, 1);
#endif
    /* Create the threads */
```

```
pthread_create(&th_can, NULL, canRev, 0);
printf("\nPress "%s"to quit! \n", quitcmd);
printf("\nPress Enter to send! \n");
if(argc == 2){ //Send user name
  sprintf(usrname, "%s: ", argv[1]);
}
for(;;){
  int len;
  scanf("%s", str);
  if(strcmp(quitcmd, str) == 0){
    break;
  }
  if(argc == 2) //Send user name
    CanSendString(usrname);
  len = strlen(str);
  str[len] = '\n';
  str[len + 1] = 0;
  CanSendString(str);
}
/* Wait until producer and consumer finish. */
//pthread_join(th_com, &retval);
printf("\n");
close(can_fd);
return 0;
}
```

步骤:

1. 编译 CAN 总线模块

```
[root@zxt /]# cd /arm2410cl/kernel/linux - 2.4.18 - 2410cl/
[root@zxt linux - 2.4.18 - 2410cl]# make menuconfig
```

进入 Main Menu / Character devices 菜单,选择 CAN BUS 为模块加载。

编译内核模块:

```
make dep
make
make modules
```

编译结果为:

```
/arm2410cl/kernel/linux - 2.4.18 - 2410cl/drivers/char/s3c2410 - can - mcp2510.o
```

2. 编译应用程序

```
[root@zxt /]# cd /arm2410cl/exp/basic/06_can/
[root@zxt 06_can]# ls
[root@zxt 06_can]# make
```

```
armv4l - unknown - linux - gcc - c - o main.o main.c
armv4l - unknown - linux - gcc - o canchat main.o - lpthread
[root@zxt 06_can]# ls
Canchat driver hardware.h main.c main.o Makefile up-can.h
```

3. 下载调试

切换到超级终端窗口,使用挂载指令将开发主机的/arm2410cl 共享到/host 目录,然后插入 CAN 驱动模块。

```
[/mnt/yaffs]cd /
[/]mount - t nfs - o nolock 192.168.0.12:/arm2410cl /host
[/]cd /host/exp/basic/06_can/driver/
[/host/exp/basic/06_can/driver]insmod can.o
Using can.o
```

运行应用程序 canchat 查看结果:

```
[/host/exp/basic/06_can/driver]cd ..
[/host/exp/basic/06_can]./canchat
```

现象:

```
Debug:can recieve thread begin.
Press "\q!"to quit!
Press Enter to send!
asdfasdfasdfasfasfasdf
asdfasdfasdfasfasfasdf
```

由于我们设置的 CAN 总线模块为自回环方式,所以我们在终端上输入任意一串字符,都会通过 CAN 总线在终端上收到同样的字符串。

15.5.5 直流电动机实验

实训内容:

学习直流电动机的工作原理,了解实现电机转动对于系统的软件和硬件要求,学习 ARM PWM 的生成方法。使用 Redhat Linux 9.0 操作系统环境及 ARM 编译器,编译直流电动机的驱动模块和应用程序。运行程序,实现直流电动机的调速转动。

程序代码:

Linux 下的直流电动机程序包括模块驱动程序和应用程序两部分。Module 驱动程序实现了以下方法:

```
static struct file_operations s3c2410_dcm_fops = {
owner: THIS_MODULE,
open: s3c2410_dcm_open,
ioctl: s3c2410_dcm_ioctl,
release: s3c2410_dcm_release,
};
```

开启设备时,配置 I/O 口为定时器工作方式:

```
({ GPBCON & = ~ 0xf; GPBCON | = 0xa; })
```

配置定时器的各控制寄存器：

({ TCFG0 & = ～(0x00ff0000)；\

TCFG0 | = (DCM_TCFG0)；\

TCFG1 & = ～(0xf)；\

TCNTB0 = DCM_TCNTB0；/ * less than 10ms * / \

TCMPB0 = DCM_TCNTB0/2；\

TCON & = ～(0xf)；\

TCON | = (0x2)；\

TCON & = ～(0xf)；\

TCON | = (0x19)；})

在 s3c2410_dcm_ioctl 中提供调速功能接口：

case DCM_IOCTRL_SETPWM：

return dcm_setpwm((int)arg)；

应用程序 dcm_main.c 中调用：

ioctl(dcm_fd, DCM_IOCTRL_SETPWM, (setpwm * factor))；

实现直流电机速度的调整。

步骤：

1．编译直流电动机模块

[root@zxt /]# cd /arm2410cl/kernel/linux - 2.4.18 - 2410cl/

[root@zxt linux - 2.4.18 - 2410cl]# make menuconfig

进入 Main Menu / Character devices 菜单，选择 DC MOTOR 为模块加载。

编译内核模块：

make dep

make

make modules

直流电动机模块的编译结果为：

/arm2410cl/kernel/linux - 2.4.18 - 2410cl/drivers/char/s3c2410 - dc - motor.o

复制直流电动机模块到程序目录：

cp /arm2410cl/kernel/linux - 2.4.18 - 2410cl/drivers/char/s3c2410 - dc - motor.o

/arm2410cl/exp/basic/09_dcmotor/

2．编译应用程序

[root@zxt /]# cd /arm2410cl/exp/basic/09_dcmotor/

[root@zxt 09_dcmotor]# ls

[root@zxt 09_dcmotor]# make

armv4l - unknown - linux - gcc - c - o main.o main.c

armv4l - unknown - linux - gcc - o canchat main.o - lpthread

[root@zxt 09_dcmotor]# ls

生成 dcm_main

3．运行程序

切换到超级终端窗口，使用挂载指令将开发主机的/arm2410cl 共享到/host 目录。

[/mnt/yaffs]cd /

[/]mount − t nfs − o nolock 192.168.0.12:/arm2410cl /host

[/]cd /host/exp/basic/09_dcmotor/drivers/

[/host/exp/basic/09_dcmotor/drivers]insmod dc − motor.o

Using dc − motor.o

[/host/exp/basic/09_dcmotor/drivers]cd ..

[/host/exp/basic/09_dcmotor]./dcm_main

现象：

直流电动机变速转动，屏幕显示转速

......

setpwm = − 265

setpwm = − 266

setpwm = − 267

setpwm = − 268

setpwm = − 269

......

setpwm = 290

setpwm = 291

setpwm = 292

......

参 考 文 献

[1] 孙余凯.电子产品制作技术与技能实训教程.北京:电子工业出版社,2006.

[2] 宁铎.电子工艺实训教程.西安:西安电子科技大学出版社,2006.

[3] 张永枫,李益民.电子技术基本技能实训教程.西安:西安电子科技大学出版社,2002.

[4] 王天曦,李鸿儒.电子技术工艺基础.北京:清华大学出版社,2000.

[5] 王廷才,赵德申.电子技术实训.北京:高等教育出版社,2003.

[6] 林明权,VHDL 数字控制系统设计范例.北京:电子工业出版社,2003.

[7] 潘松,王国栋.VHDL 使用教程.成都:成都电子科技大学出版社,2000.

[8] 王振红.VHDL 数字电路设计与应用实践教程.北京:机械工业出版社,2003.

[9] 张亦华,延明.数字电路 EDA 入门——VHDL 程序实例集.北京:北京邮电大学出版社,2003.

[10] 徐惠民,安德宁.数字逻辑设计与 VHDL 描述.北京:机械工业出版社,2002.

[11] 林敏,方颖立.VHDL 数字系统设计与高层次综合.北京:电子工业出版社,2002.

[12] 谭会生,瞿遂春.EDA 技术综合应用实例与分析.西安:西安电子科技大学出版社,2004.

[13] 桑楠.嵌入式系统原理及应用开发技术[M].北京:北京航空航天大学出版社,2002.

[14] 覃朝东.嵌入式系统设计从入门到精通——基于 S3C2410 和 Linux[M].北京:北京航空航天大学出版社,2009.

[15] 孙天泽,袁文菊,张海峰.嵌入式设计及 Linux 驱动开发指南——基于 ARM9 处理器[M].北京:电子工业出版社,2005.

[16] 孙天泽.嵌入式 Linux 开发技术[M].北京:北京航空航天大学出版社,2011.

[17] 李新峰,何广生,赵秀文.基于 ARM9 的嵌入式 Linux 开发技术[M].北京:电子工业出版社,2008.

[18] 罗怡桂.嵌入式 Linux 实践教程[M].北京:清华大学出版社,2011.

[19] 华清远见嵌入式培训中心.Windows CE 嵌入式开发标准教程[M].北京:人民邮电出版社,2010.

[20] 黄平,李欣,邱尔卫,等.零点起步 ARM 嵌入式 Linux 应用开发入门[M].北京:机械工业出版社,2012.

[21] 田泽.ARM9 嵌入式开发实验与实践 [M].北京:北京航空航天大学出版社,2006.

[22] 何宗键.Windows CE 嵌入式系统[M].北京:北京航空航天大学出版社,2006.

[23] 薛大龙,陈世帝,王韵.Windows CE 嵌入式系统开发从基础到实践[M].北京:电子工业出版社,2008.

[24] 张冬泉,谭南林,苏树强.Windows CE 实用开发技术[M].北京:电子工业出版社,2009.

[25] 李敬伟,段维莲.电子工艺训练教程.北京:电子工业出版社,2005.

[26] 尹仕.电子技术工艺基础.武汉:华中科技大学出版社,2008.